湖南第一师范学院学术专著基金出版资助

国际碳交易法律问题研究

黄小喜 著

知识产权出版社
全国百佳图书出版单位

内容提要

国际碳交易是对碳排放权的交易，即为履行减排义务或投资或其他目的买方主体与为获得资金或技术的卖方主体进行的以碳配额或碳信用为交易标的买卖交易。《国际碳交易法律问题研究》一书，从国际法学理论和实践相结合的角度对国际碳交易存在的碳排放权性质、碳交易法律规范的“软法性”、碳认证标准的统一性，碳交易合同的规范性、碳交易的贸易限制措施与WTO规划的冲突与一致性等带有争议性的问题进行了深入的研究，不但可以为研究当前国际碳交易存在的问题、系统化解难题取得突破和将碳交易写进我国的《大气污染防治法》或建立我国独立的碳交易法律规范体系并与国际碳交易规则接轨奠定一定的理论基础；而且在实践上，它也能为解决我国在如何迎接可能面临的强制减排文务和建立碳交易的法律规范体系方面的问题提供参考并能为我国的企业实体全面参与国际碳交易提供一定的指导。

责任编辑:王辉

图书在版编目(CIP)数据

国际碳交易法律问题研究/黄小喜著. —北京:知识产权出版社,2012.12

ISBN 978-7-5130-1664-3

Ⅰ.①国… Ⅱ.①黄… Ⅲ.①二氧化碳—排污交易—国际环境法学—研究 Ⅳ.①D996.9

中国版本图书馆CIP数据核字(2012)第255028号

国际碳交易法律问题研究

GUOJI TANJIAOYI FALÜWENTI YANJIU

黄小喜　著

出版发行:	知识产权出版社有限责任公司		
社　　址:	北京市海淀区马甸南村1号	邮　　编:	100088
网　　址:	http://www.ipph.cn	邮　　箱:	bjb@cnipr.com
发行电话:	010-82000893 82000860转8101	传　　真:	010-82000893
责编电话:	010-82000860-8381	责编邮箱:	wanghui@cnipr.com
印　　刷:	知识产权出版社电子制印中心	经　　销:	新华书店及相关销售网点
开　　本:	787 mm×1092 mm 1/16	印　　张:	14.75
版　　次:	2013年1月第1版	印　　次:	2014年3月第3次印刷
字　　数:	230千字	定　　价:	45.00元

ISBN 978-7-5130-1664-3/D·1625(4502)

中文摘要

国际碳交易就是对碳排放权的交易,即为履行减排义务或投资或其他目的的买方主体与为获得资金或技术的卖方主体进行的以碳配额或碳信用为交易标的的买卖交易。自20世纪90年代以来,国际碳交易得到了迅猛发展,特别是在欧盟碳排放交易体系的建立和运行以及发展中国家积极参与到国际碳排放交易体系中以后。中国虽不是《京都议定书》第一期强制减排义务的国家,但作为最大的发展中国家,中国是发达国家CDM项目机制实施的主要卖方国。而且,在接下来的几十年里,中国虽需要反对对发展中国家实施强制减排义务,抵制美国和欧盟的碳排放交易税,但积极主动参与解决气候变化问题和实施碳排放交易是争夺国际气候领域主导话语权的关键。因此,对国际碳交易的研究,不但可以为研究当前国际碳交易存在的问题,系统化解难题取得突破和将碳交易写进我国的《大气污染防治法》或建立我国独立的碳交易法律规范并与国际碳交易规则接轨奠定一定的理论基础;而且在实践上,它也能为解决我国在如何迎接可能面临的强制减排义务和建立碳交易的法律规范体系方面的问题提供参考,并能为我国的企业实体全面参与国际碳交易提供有效指导。

依据目前国际碳交易理论和实践的经验,国际碳交易还存在碳排放权权属不明确、碳交易法律规范的软法性、碳认证标准的不统一、碳交易协议模板中设定的权利义务不对等、碳交易过程中的贸易限制措施与WTO规则存在法律冲突等方面的问题。以公平自由、正义的贸易环境为研究基础,以当国际碳交易面临的问题为研究对象,以国际碳交易的市场运行机制为研究进路,以构建碳交易公平体系为研究核心,运用历史与现实考察法、实证与规范分析法、比较分析法等方法研究后发现:一是碳排放权的法律属性是碳交易的基准和核心。对碳排放权的属性认定,无论是英、美、法系的财产属性,还是大陆法系的用益物权属性、准物权属性或是环境权属性,都存在局限性。在超越法系或是国内法基本理论和制度的基础上,从国际法层面作出法律、伦理和道德的回应,碳排放权应具有国际自然法属性、人权法属性以及人类环境权益法属性;二是国际碳交易法律体系从《联合国气候变化框架》、《京都议定书》到欧盟碳排放交易指令到各国的碳排放交易法律规范,表现出法律体系的非统一性、法律规范的非完整性、法律效力的软法性等特征,不利于国际强制减排义务的落实和国际碳交易的发展,需要国际社会共同努力在给予各缔约国时间和责任义务分配上的区别对待的前提下,可以逐步达成广泛一致的强制减排公约或协定;三是碳认证是进行碳交易项目的必然程序;碳项目的认证标准是确定最后获得核证的减排量的法定依据。当前,国际碳认证标准的多样性,导致碳交易项目的认证结果不统一,甚至导致整个碳交易市场的分割和产生国际碳交易市场的技术性壁垒。为此,在国际碳交易的发展中,需要从立法层面对国际碳认证的标准进行研究,建立一个或少数几个精准的科学的认证标准,以保障国际碳交易项目认证的公平与公正;四是国际碳交易行为是通过国际碳交易合同的有效约定达成的,但国际碳交易合同并没有形成统一的示范合同。基于不同碳交易主体,会选择不同碳交易合同模板。而这会导致碳交易主体在权利和义务上的不公平。参照一般的国际商事买卖合同,比较碳交易合同在主体和客体、权利和义务、履约程序和法律效力等内容的特殊性约定,找出其不足,并在合同适用中给予非违约主体以救济措施,将会有效促进碳交易的发展和公平性;五是国际社会一直努力在世界贸易组织规则与《联合国气候变化框架公约》体系下的制度规定之间形成了一个相互尊重对方管制领域的普遍共识。但国际碳交易的贸易限制措施与 WTO 法设定的自由贸易义务和削减市场准入壁垒的义务是背道而驰的。在对碳排放权交易制度是否属于 WTO 法的适用范围作出肯定判断后,我们有必要平衡环境保护目标与多边自由贸易体制价值取向之间的冲突关系,从而找到国际碳交易的贸易限制措施与 WTO 规则之间的一致性。

因此,国际碳交易是人类社会控制气候变化的一个制度创新方式,具有重要的理论和实践意义,但也存在不少问题。它需要国际社会对碳排放权的法律属性进行确认、强化法律规范的强行性、建立统一的碳项目认证标准,并平衡碳交易主体之间的权利和义务,寻求碳贸易限制措施的法律冲突解决,才能实现国际碳交易的有序和公正。

关键词:国际碳交易;法律属性;软法性;碳项目认证;碳交易合同

Abstract

International trading in carbon emissions is on the right to emission, which is the implementation of emission reduction obligations or for investment or other purposes the buyer and seller for access to funds or technology subject to quotas of carbon or carbon credit transactions as the subject of the sale transaction. In the 1990s of the 20th century, the rapid development of international carbon trading has been in the way, particularly in the establishment and operation of the EU emissions trading system as well as the active participation of developing countries in the international carbon emissions trading system in the future. China is not the first undertaker of mandatory emission reduction obligations of the Kyoto Protocol, but, as the largest developing country, China is a major seller of CDM projects implementation mechanisms in developed countries. Also, in the next decade, China needed opposed to mandatory emission reduction obligations for developing countries, resist the United States and the European Union's tax on carbon emissions trading, but actively involved in climate change issues and the implementation of emissions trading is the key to compete for international climate leading voice in the field. Therefore, study of international carbon trading, not only to study the problems of the current international carbon trading, systems resolve challenges and carbon trading a breakthrough into the air pollution control Act, or the establishment of an independent legal norms and international carbon trading and carbon trading rules practice certain theories laid the Foundation; But in practice, it can be solved in China may face mandatory cuts in how to meet obligations and the establishment of rule of law system of carbon trading aspects of providing references, and can provide effective guidance for corporate entities to fully participate in the international carbon trading.

According to the theory and practice of international carbon trading experience, ownership unknown international carbon trading – carbon emissions, carbon trading law soft law, carbon certification standard of uniform set of rights and obligations in the agreement template, carbon trading is not reciprocal, carbon trade procedures, trade restrictions in legal aspects of issues such as conflict with WTO rules. In a fair trade environment research foundation of freedom, justice, when the problems for the study of international carbon trading, to approach to the study of international carbon trading market mechanism, To build a carbon trade fair system for core research, using historical and realistic perspective approach, empirical and Normative Analysis, comparative analysis and other methods of research he found that: Firstly, carbon emissions trading is the legal property of the base and core. Property determination of carbon emissions, are the property of the British and American legal systems properties, are also civil law of usufruct right to property, right to property or the environment properties, there are limitations. Beyond the basic theory and system of law or domestic law on the basis of, from legal, ethical and moral dimensions of international law made in response to carbon emissions should have international natural law, human rights law attributes and method of human environmental rights and property. Secondly, international carbon trading legal system from United Nations climate changes framework under, and Kyoto Protocol under to EU carbon emissions trading instruction to States of carbon row into trading legal rules, performance out legal system of non – Unity, and country legal specification of non – integrity, and legal effect of soft method sexual, features, does not conducive to international forced emissions obligations of implementation and international carbon trading of development, needs international social common efforts in give all party time and responsibility obligations distribution Shang of difference treat of premise Xia, Can be gradually reached a broad agreement of mandatory cuts conventions or agreements. Thirdly, carbon certification is a program for carbon trading project; Carbon project certification standard is finally obtained certified emission reductions statutory basis. At present, the diversity of international carbon standards, leading to carbon trading project certification results are not unified, or even the entire carbon trading market segmentation and technical barriers in international carbon trading markets. To do this, in the development of international carbon trading, from legislative level to study the certification of international carbon standards, establishing one or a few accurate scientific certification standards in order to safeguard the fairness and impartiality of international carbon trading program. Fourthly, the international carbon trading is an effective agreement reached through the international carbon trading contracts, but the international carbon trading contracts and does not form a unified model of contract. Based on the different carbon trading, will choose different carbon trading contract templates. And this will lead on the subject of carbon trading in the rights and obligations of unfair. Reference to General contracts for the international sale of goods, comparison of carbon trading in the subject and the object of the contract, the rights and obligations, compliance procedures and legal effects of special conventions, identify its shortcomings and subject to contract adapter with non - default remedies, will effectively contribute to the development of carbon trading and equity. Fifthly, has been working in the World Trade Organization rules of the international community and the United Nations Framework Convention on climate change under control system form a mutual respect between each other areas of general consensus. But trade restrictions in the international carbon trading and setting free trade obligations of WTO law is contrary to the obligations and reduce market access barriers. Carbon emissions trading system is within the scope of WTO law certainly after judgment, it is necessary to appropriately balance the environmental protection objectives and value orientation of multilateral free trade regime between the conflicting relationship, international carbon trading can be found by consistency between the WTO rules and trade restrictions.

Accordingly, the international carbon trading is a system to control climate change innovation of human society, is of great theoretical and practical significance, but there are still many problems. It requires the international community to confirm the legal property of carbon emissions, strengthen the force of the rule of law, establish uniform certification standard for carbon projects, carbon trading and balance between rights and obligations, legal conflict resolution seeking carbon trade restrictions, international carbon trading order and justice can be achieved.

Key Words : international carbon trading; legal character; soft law; carbon authentication; carbon trading contract

目 录

导　　论

一、研究背景与研究意义

（一）研究背景

当今国际社会，生态安全①已是困扰人类的一个重要问题。人类要可持续发展，就必须建立一个和谐共存的地球环境，建立一个平衡的生态环境。基于各国不同的资源禀赋和环境差异，在追求各国利益的前提下，达成完全一致的国际政治与法律共识就成了一个天文难题；但若不能这样，又不能从长远解决所遇到的问题，人类就无法达到可持续生存和前行的目的。如环境污染、全球变暖这样的生态安全问题，除了是困扰世界可持续发展的重大问题外，也是当今国际社会一个热门和全力以赴加以解决的问题。全球对其的充分关注，可追溯到 1972 年联合国召开的“人类环境会议”。此次会议之后，每年 6 月 5 日的“世界环境日”都会命名不同的主题。其中，1989 年的主题是“警惕全球变暖”。该主题可谓是本书研究的初始。因为，全球人为（如工业化）造成的大量温室气体排放和气温上升，需要全人类共同努力减排降温或保持温度不再上升。

1988 年，世界气象组织（WMO）和联合国环境规划署（UNEP）建立了政府间气候变化专业委员会（IPCC），直接关注和研究全球气候问题。自 1990

① 当今国际社会的存在的生态安全问题是广泛而复杂的，涉及自然环境及人类生活的方方面面，主要的是七个方面，分别是：（1）水污染、水资源严重短缺；（2）荒漠化及沙尘暴；（3）生物多样性的减少；（4）高科技污染；（5）大气污染、酸雨；（6）森林锐减；（7）垃圾成灾等。

年以来，IPCC 发布了四次《评估报告》。其中，第四次评估报告最具决定性的结论是：数值模拟和归因技术证明，最近 50 年来大部分全球平均温度的升高，很可能是由于过多人为温室气体浓度增加导致的；按照科学家们的研究和分析，自 1750 年以来，由于人类活动，全球大气中的二氧化碳和其他温室气体排放的浓度已明显增加，1970 ~ 2004 年期间增加了 70%。目前，全球每年约排放 65 亿吨二氧化碳，如果不采取强有力的有效控制措施，到 2100 年，空气中二氧化碳的浓度将超过 550ppm——这将把全球平均气温推高 6℃，海平面上升至少 25 米。在此种情况下，地球上大部分地区将不再适合人类居住，90% 的物种将灭绝，人类数量可能减少 80%，会导致极其严重的国际环境和社会灾难。[①] 因此，为了使人类生态环境不出现上述情形，在 2050 年前全球二氧化碳排放必须减少 50% ~ 60%。2005 年生效的《京都议定书》规定，每个国家都有二氧化碳减排的义务，并明确要求发达国家在 2008 ~ 2012 年间的排放量至少比 1990 年削减 5.2%。因而，二氧化碳减排事实上已经成为全世界关注的重大问题，[②]各国家也在多方面为此做出各自的努力。

在全球对控制气候变暖采取联合行动的背后，一直延用多种方式并存的处理手段，并在不断的革新中。实践中，国际社会谈判基础上的政治协商一致所采取的行政手段也不失为一种方法，但这容易滋生政府寻租行为，且无法激

---

① 当然，也有科学家对这一问题背后的现象提出了各种质疑，如近日北京大学数字地球工作室教授承继成、李琦等发布了一份关于全球气候变化问题争论的报告，用翔实的科学数据对 IPCC 报告的科学性提出了质疑，认为“现代的气温上升属于正常波动范围，简单表述成‘气候变暖’是不准确的”。参见网易探索. 北大学者质疑 IPCC：气候不是变暖而是进入暖期[DB/OL]. 网易新闻，http://news.163.com/，最后访问日 2010 - 04 - 11；还有国际著名经济学家认为，这是美国和欧盟等国制造的一个惊天大谎言、弥天骗局。事实上，近一百年来的研究二氧化碳的科学数据是被一个不知名的大学的四五流的科学家撰改了。地球上的动物和细菌每年都要制造 1500 亿吨二氧化碳，比较而言，人类制造的每年 65 亿吨的二氧化碳是微乎其微的。另外，更为重要的是，这些科学家颠倒了因果关系，“不是二氧化碳增加导致气温升高，而是气温升高导致二氧化碳增加”，这一现象是由于太阳的缘故，而非人为；人为排放的二氧化碳“少得可怜”。参见郎咸平. 郎咸平说：新帝国主义在中国 2[M]. 北京：东方出版社，2010：83 - 110。但不管 IPCC 和他们的论证是否科学、是否合理，“碳交易”已经成为国际事实，中国作为一个“碳交易”潜在大国，不得不为这一将来可能出现的新型贸易市场的格局之战而努力，我们有必要认真去对待这一个现象及其现象背后的经济效益和法律治理。

② 陈晓进. 国外二氧化碳减排研究及对我国的启示[J]. 国际技术经济研究，2006，9(3)：21.

励各国企业及社会其他力量。如此背景下,建立在排放权交易理论[1]基础上的碳交易方式出现——站在制度经济学的角度,将环境外部成本内化为经济主体的生产成本的方式,得到世界各国的认可、采纳并在全球范围内迅速扩展。

从国际法制的角度,1992 年 6 月 4 日通过并于 1994 年 3 月 21 日生效的《联合国气候变化框架公约》(UNFCCC),奠定了应对国际气候变化合作的法律基础。同时,1997 年在东京通过的作为 UNFCCC 补充协议的并于 2005 年生效的《京都议定书》,成为国际碳交易法律机制的具体法律规范,开启了国际碳交易飞速发展的大门。继而,欧盟于 2005 年推出了全球第一个买卖二氧化碳排放权的排放交易体系(The EU Emissions Trading Scheme, EU ETS)。这些国际法律变革,就是为解决二氧化碳排放所带来的负效应而设立的。并且,通过市场贸易的方式形成的国际合作措施,正在朝着快速健康的方向发展。

中国作为发展中国家,第一次参加环境方面的世界级的会议就是 1972 年的“人类环境会议”,并且一直在关注环境、保护环境。但由于中国的底子薄,通过发展工业使经济腾飞的需求和梦想,一直使中国在过分挖掘和利用资源,而在环境的保护方面有着较大的制度性欠缺,急需改善。正因为如此,中国充分吸取西方发达国家的经验教训,早早地关注和参与国际碳交易的发展过程,以便尽快融入国际碳交易的市场体系中来。

1990 ~ 1994 年,国家环保总局在太原、平顶山、贵阳、包头等 6 个城市进行排放权交易试点工作。1995 年,在《大气污染防治法》第一修订中,专家们将总量控制、排放许可证和排放权交易等内容加入修订稿中,但这些内容并没有被人大通过。1999 年 9 月,美国环境保护协会与原国家环境保护总局签署协议,在中美合作框架下,开展总量控制与排放权交易的研究和试点工

① 该理论是 19 世纪 60 年代末由加拿大经济学家戴尔斯(J. H. Dales)首先提出来的。20 世纪 70 年代,这一理论在美国首先用于指导大气及河流污染的治理,并在实践上获得明显的经济效益和社会效益。参见朱家贤. 环境金融法研究[M]. 北京:法律出版社,2009:2 - 3.

作,浙江本溪市和江苏南通市被确定为首批试点城市。2000 年,在《大气污染防治法》第二次修订中,排放许可证与总量控制被人大通过,其法律地位得到确定,但排放权交易的规定却依然没有获得通过。到现在为止,我国的排放权交易还没有在法律上获得相应的法律地位,①此前,只是在某些城市和企业的试点过程中,采取了这一模式。2012 年 2 月 3 日,国家发改委宣布,将在北京、天津、上海、重庆、湖北、广东及深圳开展碳排放权交易试点。②但从前期试点的情形来看,虽然在我国也建立有北京环境交易所、上海环境能源交易所、天津排放权交易所等交易场所,但除了有"二氧化硫排放权交易"以及采取联合国 CDM 减排机制完成的碳交易行为,还没有建立起真正的完全的"碳排放交易"市场和规范体系——这一事实并迅速发展变化的深刻背景,值得本书在深入调查并在对比和借鉴国际碳交易市场体系与法律体系建立的基础上,作出独立的有成效的分析与研究。

(二)研究意义

解决国际社会生态安全问题有多种选择方式,如国际政治协商、谈判;建立国际法律公约;达成国际双边协定;建立综合性国际合作机制等。通过贸易的方式,解决国际社会面临的生态安全问题,是 20 世纪 90 年代以来国际社会一种新的国际贸易方式,③并且它是国际社会政治与法律决策的一种替代方式,而且是当今国际贸易研究的四大前沿课题之一。④ "碳交易"⑤

---

① 朱家贤. 环境金融法研究[M]. 北京:法律出版社,2009:8-9.

② 王文嫣. 发改委:我国碳排放交易试点明年将正式启动[DB/OL]. 中证网,http://www.cs.com.cn/cqzk/201202/t20120203_3226589.html,最后访问日 2012-2-3.

③ 如《联合国气候变化框架公约》之《京都议定书》建立了三种机制,其中国际排放贸易(IET)("碳交易")就是纯粹建立在大气污染物排放基础上的国际贸易方式。

④ 20 世纪 90 年代以来国际贸易研究的四大课题是指:贸易与环境、产业内垂直分工及外包、贸易与内生增长、一国的特殊利益集团如何影响一国贸易政策。参见余淼杰. 国际贸易的政治经济学分析:理论模型与计量实证[M]. 北京:北京大学出版社,2009:1.

⑤ "碳交易"是指合同的一方通过支付另一方获得温室气体减排额,买方可以将购得的减排额用于减缓温室效应从而实现其减排的目标。在当前国际社会六种被要求排减的温室气体中,二氧化碳(CO_2)为最大宗,所以这种交易以每吨二氧化碳当量为计算单位,通称为"碳交易"。参见百科名片. 碳交易[DB/OL]. 百度百科,http://baike.baidu.com/,最后访问日 2010-06-05.

（碳排放权贸易）就是该课题下的一个子课题，它是从微观的角度，来研究碳排放权交易对减少大气污染的作用和意义。

具体而言，本书的研究具有以下几个方面的意义：

1. 本书研究国际碳交易法律制度中的极具争议或是具有实务操作指导性的一些重大问题，如碳排放权的法律属性问题、碳交易法律规范的“软法性”问题、碳交易认证标准的统一性问题、碳交易合同的规范性问题、国际碳交易的贸易限制措施与 WTO 规则的冲突与一致性问题等，对于认清目前国际碳交易所存在的问题及其原由，并找到相应对策具有重要的指导功能。同时，本书将从法律制度和政策层面对国际社会适应和控制国际气候变化，为构建和完善国际碳交易法律制度体系提出建设性的观点，对国际社会强化气候变化适应和控制的国际合作提供了可资借鉴的机制性的措施。

2. 本书研究国际碳交易的法律制度问题，对于建立我国碳交易市场体系，将我国的碳交易市场融入国际市场，促进我国碳交易的发展具有重要的规范指导意义。国际碳交易法律制度是规制国际碳交易市场各种行为的法律规范的总称，涉及国际法律规范、区域法律规范和各国规制碳交易国内法律规范。它是国际碳交易规制历程的经验总结，是为国际碳交易“保驾护航”的一种制度方式。从国际碳交易市场发展与国际碳交易法律制度的发展路径来看，是先有国际碳交易行为，再有国际碳交易行为法律规范，继而有国际碳交易市场和相互关联的国际碳交易市场法律体系。因此，在发展我国碳交易市场时，通过国际碳交易法律制度发展路径的比较和选择，就能学会国际社会和各国创建碳交易市场的先进经验，为我国建立碳交易市场体系提供有益的帮助。

目前，国际碳交易市场在美国、欧盟、日本、澳大利亚及其他国家相继形成，市场的发展容量和速度是极其惊人的。[①] 而且，自从20世纪70年代中期美国有了碳交易机制并不断演化以来，美国于1990年建立了国家内部的SO_2排放交易市场，取得了令人满意的减排效果，CO_2交易市场也就逐步形成。由此，在全球排放权交易市场范围内，各国不但建立了传统的碳交易方式，并且不断创新碳交易产品，建立起各种新的碳交易法律规范机制。特别是2005年4月，欧洲建立了排放权交易体系，推出了碳排放权期货、期权交易，实现了金融性衍生产品的真正突破。这样，国际碳交易市场由点到面，由各国先行设立，再到区域市场和国际市场创建，大体格局已基本形成。

但纵观我国碳交易市场，却表现出与国际市场接轨反差较大的状况。我国作为发展中国家，又是世界第二大碳排放国，就国际碳交易市场容量来讲，碳交易量在未来几年内将每年达2亿吨。2012年以前，全球发达国家要减排的50亿吨二氧化碳每年有70%将由这些国家在中国购买减排指标。并且，中国政府已郑重向全世界宣布：到2020年，单位国内生产总值（GDP）二氧化碳排放量比2005年下降40%～45%，这个市场容量任何人都是不可小视的。可就交易市场的构建来说，我国不但没有建立起完善的碳交易市场体系，也没有碳交易定价话语权，更没有相关的碳交易立法，即使在目前建立起的几家环境交易所，也只是交易相关的环保技术或是在CDM机制下完成的，而这一方式的最重要特点就是“捆绑销售”，即在项目运作之初，买方和卖方都必须是确定的，排放权只能在这两者之间“转让”。因此，不能把西方较成熟的碳排放配额交易模式照搬到中国。[②] 如此一来，我国的碳交易就很难一时融入国际碳交易市场。正因如此，本书对我国的碳交易行为予

---

① 国际碳交易量从2005年的7.1亿吨上升到2008年的48.1亿吨，年均增长率达到89.2%；同期，碳交易额从2005年的108.6亿美元上升到2008年的1263.5亿美元，年均增长率更是高达126.6%。我国央行统计数据显示，目前全球正在开发的碳减排交易项目预计至2012年将达到22亿吨的规模。参见林憬文，张莹莹．“碳交易”有望成为全球最大商品交易市场[N]．南方都市报，2010-05-21(GC05)．

② 中研网讯．我国碳交易市场现状分析[DB/OL]．中国行业研究网，http://www.chinairn.com/，最后访问2010-05-02．

以法理基础、法律原则、法律规则、认证标准、合同规制、融入世界自由贸易体系的法制接轨等方面的研究,以有利于促进和规范我国碳交易市场的建立和完善。

3. 本书研究国际碳交易法律制度问题,是构建我国碳交易法律规范体系,将碳排放权交易写入我国的《大气污染防治法》或是单独建立我国碳排放权交易法律制度并与国际碳交易法律规范接轨的需要。实践中,在国际碳交易运行的市场上,碳交易市场机制的建立要早于碳交易法律机制的建立。但若没有碳交易法律机制的建立,碳交易市场机制也不会规范化发展,更不会最终形成市场一体、运作良好并与国际市场接轨的碳交易市场体系。

当前,我国正处于工业化经济高速发展时期,GDP 增长对于增强我国国力,提高我国人民生活水平至关重要。但正是改革开放以来我国长达几十年的粗放的工业化生产,使得我国的环境污染相当严重。尽管我国政府已非常重视加强环境的保护,依法提出环境控制目标,但由于各种主客观原因,在气候变化政策方面,我国碳交易的法律基础仍相当薄弱。具体而言,现在我国"碳交易"的政策和法律有:(1)国务院于 1996 年 9 月批准的《国家环境保护"九五"计划和 2010 年远景目标》,其明确要求实施污染物排放"总量控制",从而正式将"总量控制"写入我国的污染政策控制体系;(2)2000 年 4 月,我国新修订的《大气污染防治法》第 3 条和第 15 条①分别对控制大气污染的排放总量和排污行政许可的范围、条件和程序作了相应规定,从而以法律明文规定的形式确立了"总量控制制度"和"排污许可证制度"的合法地位,建立了我国碳排放权交易的制度基础;(3)2002 年 9 月,国务院批准的由原国家环保总局等四部委共同编制的《"两控区"酸雨和二氧化硫污染防治"十五"计划》首次提出在"两控区"试行二氧化硫排放权交易机制;(4)2006年 2 月 14 日,国务院制定的《国务院关于落实科学发展观加强环境

① 具体内容参见我国《大气污染防治法》第 3 条和第 15 条的规定。

保护的决定》公开发布,提出"要实施污染物总量控制制度、将总量指标逐级分解到地方各级人民政府并落实到排污单位。推行排污许可证制度,禁止无证或超过总量排污"、"运用市场机制在有条件的地区和单位实行二氧化硫排放权交易";(5)其他地方性法规或规范性文件。①

但以上我国制定的与碳交易相关的政策和法律规范,要么是没有将排放权交易写入,要么是立法的级别和层次太低(主要是二氧化硫排放权交易)。总的来说,我国没有对碳交易作出制度化与体系化的立法安排,致使我国的碳交易立法与国际碳交易的立法相差较大,不利于我国碳交易的长远发展。因此,本书将在我国原有碳交易政策和法律的基础上,充分借鉴国际社会和其他各国碳交易法律规范和制度的先进经验,对国际碳交易出现的焦点热点问题,如碳排放权的法律属性、碳认证标准、碳交易合同等进行分析,并找出其缺陷和提出有针对性的解决措施,为构建我国碳交易的法律规范和实现我国碳交易的良性发展奠定制度基础。

4. 本书研究国际碳交易法律问题的终极目的,是通过对国际碳交易法律规范体系的研究和认识,建立我国的碳交易法律规则体系,促进我国碳交易市场发展,为我国二氧化碳及其他大气污染物减排确立基本路线、基本途径和方式,为全球气候变暖或气候质量低下提供解决之办法,实现我国及国际社会的可持续发展,保障人类的基本生存权利。通过对碳交易及法律制度发展背景的分析,可以看到,当今国际社会所关注的重大问题——地球气候变化环境的形成,是由于人类自身所造成的。享有环境保护权是居住地球人类的一项基本人权,是人类实现可持续发展的一项有力的保障权利。

① 如1998年8月28日太原市人大常委会通过的《太原市污染物排放总量控制管理办法》;2002年10月太原市政府出台的《太原市二氧化硫排污交易管理办法》;2002年10月1日江苏省施行的《江苏省电力行业二氧化硫排污交易管理暂行办法》;2003年10月23日山东省发布的《山东省电力行业二氧化硫排污交易管理暂行办法》;2005年11月贵阳市人大常委会通过的《贵阳市大气污染防治办法》;2007年1月30日广东省环保局和香港特区政府环境保护署发布的《珠江三角洲火力发电厂排污交易试验计划》实施方案,等等。参见朱家贤.环境金融法研究[M].北京:法律出版社,2009:179-180.

作为发展中国家的中国，在履行本国国际义务上，是积极的、努力的。作为减排大气污染防治手段之一的碳交易，是通过加强市场外部性的激励和调节，充分发挥市场机制的作用来完成的，具有减排二氧化碳等大气污染的功效。实践中，国际社会也正在极力推广这一有效的模式。因而，本书研究碳交易的相关法律问题，就是为我国的企业实体实施减排二氧化碳提供法律理论支撑，就是为保障我国公民的基本人权——环境保护权提供法律理论支撑。

二、碳交易相关文献综述

(一)碳交易法律规范的梳理

碳交易的国内法律规范，本书前文已经有较为详细的介绍，不再赘述。下面介绍碳交易的国际法律规范。

1. 国际碳交易法律规范体系。按时间顺序，与碳交易相关的国际法律规范主要有：(1)1972 年 6 月 5 日 –16 日，在斯德哥尔摩召开的联合国人类环境会议，制定了《联合国人类环境会议宣言》和 109 条建议的保护全球环境的“行动计划”，提出了 7 个共同观点和 26 项共同原则，确立了“人类应关注和保护地球上的自然环境”、“加强国际合作”等原则并强调“环境污染损害赔偿责任的国际法准则”，是国际碳交易基本法律规范；(2)1987 年 9 月 16 日，46 个国家在加拿大蒙特利尔签署了《关于消耗臭氧层物质的蒙特利尔议定书》，以推动共同采取保护臭氧层的行动。该议定书通过第 2 条第 8 款第 a 项的规定[①]创设了一种“联合消费”的市场机制来受控污染物。这也是国际社会第一次规定用经济的手段和方式解决气候问题的全球性多边环境公约；(3)1991 年 1 月，经济合作与发展组织理事会提出了《关于在环境政策中使用经济手段的建议》。该建议提出的供成员国参考的四类经济手段

① 该规定是指：“作为公约第 1 条第 6 款规定的一个区域经济一体化组织成员国的任何缔约国，可以协议联合履行本条约内规定的关于(受控物质)消费的义务，只要联合消费受控物质的总量不超过本议定书规定的数量”。

之二“可交易的许可证”就是一种典型的碳交易方式，从而第一次在微观层面确立了碳交易行为方式和机制；(4)1992年6月3日—14日，联合国环境与发展大会讨论并通过了《里约环境与发展宣言》(又称《地球宪章》，规定国际环境与发展的27项基本原则)、《21世纪议程》(确定21世纪39项战略计划)和《关于森林问题的原则声明》，并签署了《联合国气候变化框架公约》(防治地球变暖)和《生物多样化公约》(制止动植物濒危和灭绝)两个公约。其中，《联合国气候变化框架公约》是第一次以有法律约束力公约的形式，提出控制大气中二氧化碳、甲烷和其他造成“温室效应”的气体的排放。并此后每年召开一次缔约方会议，来讨论并制定相关政策，达到减少发达国家温室气体排放量并督促《联合国气候变化框架公约》中规定的发达国家向第三世界国家提供援助的目的；(5)1997年12月联合国《气候变化框架公约》第3次缔约方大会通过了《京都议定书》。该已经生效的《议定书》规定所有发达国家到2012年要总体减排二氧化碳等6种温室气体，排放量要比1990年减少5.2%，并将2008～2012年第一期削减碳排放量明确划分到确定的发达国家。该《议定书》所创设的三种交易机制“联合履行机制(JI, Jointly Implemented)、清洁发展机制(CDM, Clean Development Mechanism)、国际排放贸易(IET, International Emission Trade)”就是为了实现上述目标而建立的。在此基础上，国际社会建立起碳交易可操作的具体机制，特别是(6)2001年联合国气候变化框架公约第7届缔约国会议，通过落实《京都议定书》机制的一系列决定文件，称为“马拉喀什文件”，包括：第15/Cp.7号决定“《京都议定书》第6条、第12条和第17条规定的机制的原则、性质和范围”；第16/Cp.7号决定“执行《京都议定书》第6条的指南”；第17/Cp.7号决定“执行《京都议定书》第12条确定的清洁发展机制的方式和程序”；第18/Cp.7号决定“《京都议定书》第17条的排放量贸易的方式、规则和指南”，确定了当今国际社会碳交易主要依据的法律文件范围。

由此，通过上述国际公约、宣言、议定书、议程、战略计划、规范机制等各种与碳交易相关的国际法律规范的建立，推动的国际碳交易市场的发展和国际碳交易法律规范体系的完善。

2. 欧盟碳交易法律规范体系。欧盟的碳排放交易体系虽是区域性的，但由于该地区在实施在碳排放权交易走在世界前列，其所制定和实施的碳排放权交易法律制度是比较先进的。2005 年以前，欧盟的碳交易法律规范相对来说，针对的问题比较单一，也较为分散，如欧洲委员会于 2000 年发布了 COM(00)87 绿皮书，阐述了欧盟内部关于温室气体排放贸易的政策协议。[①] 此后，欧盟于 2001 年 10 月 23 日又通过了具有法律效力的温室气体排放贸易方案。该方案明确规定："通过一体化的污染防治方案以确立二氧化碳排放的强制性管理框架；设立单个公司的限额和贸易制度，该制度以 CO_2 排放的绝对水平为基础等内容"。[②] 2005 年，在上述法律规范指引下，欧盟推出了全球第一个买卖 CO_2 排放权的排放交易体系（EU ETS）（第二个阶段，排放交易的温室气体只限 CO_2）。2008 年 1 月 23 日，欧盟宣布碳排放权交易进入第三阶段（排放交易的温室气体除了 CO_2 外，还选择性地加入其他温室气体），即在 2020 年前，欧盟能源和制造部门将面临更加严格的碳减排目标。[③] 2008 年 7 月 8 日，欧洲议会（European Parliament）以 640∶30 的悬殊票数，通过了关于将航空业纳入 EU ETS 的草案。欧盟的三大权力机构——欧盟委员会、欧洲议会和欧盟理事会之间通过协调沟通，欧盟理事会于 2008 年 10 月正式批准该草案，从而以法律的形式确定了将碳交易放在一个行业的范围内来实施。[④]

---

① See European Commission, Green paper on greenhouse gas emission trading within the European Union[J]. COM(00)87, 8 March 2000, European Environment, N0. 565, April 4, 2000, Document, p. 3.

② David Pocklington. European Emission Trading: the Business Perspective E[J]. European Environmental Law Review, July 2002, pp 210 – 211.

③ 冷罗生. 构建中国碳排放权交易机制的法律政策思考[J]. 中国地质大学学报（社会科学版），2010，(2)：21.

④ 郭兆晖，李普，廉桂萍. 欧盟对民航业碳排放收费问题的透视[J]. 内蒙古大学学报，2010，(3)：13.

3. 国外主要国家的碳交易法律规范。国外制定碳交易相关法律规范的国家主要是在《京都议定书》附件一中确定需要实施国际减排义务的发达国家，如美国、德国、日本等国。本书将在第二章分析碳交易法律规则时对这些国家相关的碳交易法律制度进行全面的介绍。

（二）国外学者关于碳交易研究现状

基于现有资料和掌握的情况，国外学者关于碳交易研究的内容可以分为以下几个方面：

1. 从经济学角度论述。（1）关于碳交易的经济学基本原理。在经济学家看来，二氧化碳等温室排放气体属于环境外部性问题，在解决的方式上有两种：一种是行政方式，一种经济方式，后者能够产生更大的激励效果和效率弹性，并且能够将外部成本内化为经济主体的生产成本。这一原理直接来源于科斯（Coase）产权交易理论"非干预主义方案"替代直接征税与补贴的外部行政干预庇古理论——也正是通过该理论的运用，在19世纪60年代末，加拿大经济学家戴尔斯（J. H. Dales）首先提出排放权交易的思想，给出了采用产权手段在水污染控制方面应用的方案；①（2）关于碳交易的经济学基本模型。碳交易的目的是通过经济手段的方式，达到减排的效果。当前，与温室气体减排的因素有经济发展水平、人口、知识与技术进步等。基于这些因素，通过数学的建模方式形成的各种排放权模型分析，是经济学的一种有效的研究方法。关于国际减排交易的模型研究，Springer（2004）通过对上述因素的不确定分析，提出了25种不同模型的分析结果，并且认为，模型包括自下而上（bottom - up）和由上到下（top - down）两类模型，而且它们之间关于技术和宏观经济变量的描述有很大的差别。② 而从国际实践来看，目前的排污权交易体系已经逐渐演变成三种典型的模式：基准——信用模式

① 朱家贤. 环境金融法研究[M]. 北京：法律出版社，2009：1 - 2.

② Springer, U. The market for tradable GHG permits under the Kyoto Protocol a survey of model studies[J]。Energy Economics，2003，2(5)：527 - 551.

（ERCs 模式），总量——交易模式（EA 模式）以及非连续排污削减模式（DER 模式）。前两种模式贯穿着美国二十多年来的排污权交易实践；①（3）关于碳交易的经济学政策与交易机制。就排放权而言，国际上关于此方面的研究是比较晚的，但“排放权交易”与“排污权交易”在许多方面有相似之处。因而，此类研究可以追溯到 20 世纪 70 年代国际社会对排污权交易的研究，并且它主要是集中在对美国排污权交易实施情况的研究和分析。② 有的学者（Robin Hanbury - Tenison，③Uwe SChubert，Andreas Zerlauth④）是从行政手段与市场手段进行比较的角度作出研究，从而得出排污权交易制度较传统的命令——控制型政策具有明显的优点；有的学者（Barry D Solomon 和 Russell Lee⑤）从环境公正的角度对排污权交易的公平性产生了质疑，并认为应当限制不同的污染物排放权进行交易；有的学者（Richard Schmalansee，Paul L Joskow⑥）认为有毒污染物不能进行交易，否则容易导致局部性富集；⑦有的学者（John K Stranlund，Carlos A Chavez 和 Barry C Field⑧）则强调了在排污权交易中环境监测的重要性——总之，这些学者对“排污权交易”市场机制

---

① 瞿伟. 美国排污权交易的模式选择与效果分析［J］. 工程与建设，2006，20（3）：188 - 189.

② 沈国明. 国外环保概览［M］. 成都：四川人民出版社，2002：12 - 18，92 - 94；［美］A. Myrick Freeman. 环境与资源价值评估—理论与方法［M］. 北京：中国人民大学出版社，2002：9 - 12；杨通进. 走向深层的环保［M］. 成都：四川人民出版社，2002：176 - 178；［美］保罗·霍肯. 商业生态学［M］. 上海：上海译文出版社，2001：92 - 93；OECD. 发展中国家环境管理的经济手段［M］. 北京：中国环境科学出版社，1996：15 - 28，92 - 94.

③ Robin Hanbury - Tenison, Ross Gelbspan. Carbon emissions trading［J］. The Ecologist. Sturminster Newton：Jun. 2002，32：34 - 35.

④ Uwe Schubert, Andreas Zerlauth. Innovative regional Environmental Policy - the RECLAIM - Emission Trading Poliey［J］. Environmental Management and Health. Bradford：1999，10：130 - 133.

⑤ Barry D Solomon，Russell Lee. Emissions Trading Systems and Environmental Justice. Environment［J］. Washington：Oct. 2000，42：32 - 46.

⑥ Richard Schmalansee，Paul L Joskow，A Denny Ellerman，Juan Pablo Montero，Elizabeth M Bailey. An Interim Evaluation of Sulfur Dioxide Emissions Trading［J］. The Journal of Economic Perspectives. Nashville：Summer 1998，12（3）：53 - 69.

⑦ 富集的英文名称为 enrichment，指某些物质通过水、大气和生物作用而在土壤或生物体内显著积累的作用。

⑧ John K Stranlund，Carlos A Chavez，Barry C Field. Enforcing Emissions Trading Program：Theory，Practice，and Performance［J］. Policy Studies Journal. Urbana：2002，30（3）：343 - 362.

进行了详尽的分析和阐释，从而为此后的“排放权交易”市场运行机制的研究奠定了良好的基础。特别是在《联合国气候变化框架公约》和《京都议定书》通过并实施后，这些市场机制及其规制的理论研究对《京都议定书》所设定的三种交易机制而言，既是其理论来源，也是其应用前提。

2. 从国际法角度论述。国际法与碳交易相关的国际公约、条约、协定是国际碳交易实施的“基本法”。正是联合国、各国际组织、非政府组织及其各国的政府、企业等对国际环境保护的重视，并对国际碳交易从经济学、环境保护学、法学等多角度研究和分析，才有了《联合国气候变化框架公约》、《京都议定书》及其实施机制的相关规定颁布。这些“基本法”颁布以后，国际社会又会结合国际碳交易的实践，寻找碳交易法律规制的缺陷和不足，并提出改进方案。国际社会这些研究主体（包括国际组织、机构、企业及其学者们）对碳交易国际法的基本原则及其制度，从《联合国气候变化框架公约》和《京都议定书》的制定背景、原则、机制及围绕《公约》和《议定书》的效力、实践及实施情况等方面全面展开分析和论述。① 如 2009 年 4 月 21 日，美洲投资公司（inter – American Investment Corporation，ICC）在哥伦比亚首都波哥大联合哥伦比亚 JAVERIANA 大学经济与法学院，在瑞士经济事务秘书处的协助下，发起了一场由哥伦比亚政府代表、学术界与碳市场交易专家共同组成的专题研讨会。这次专题研讨会的目标就是讨论国际气候变化政策、法律制

---

① 如政府间气候变化专业委员会（IPCC）1988 年建立后，从 1990 年开始发表《第一次评估报告》到 2008 年共发表了四次评估报告，其中，《第一次评估报告》直接促使联合国大会作出了制定《联合国气候变化框架公约》（UNFCCC）的决定；《第二次评估报告》为 UNFCCC 的《京都议定书》会议谈判作出了贡献；国际能源机构（IEA）与国际排放交易协会（IETA）、电力研究会（EPRI）从 2001 年开始，每年都召开一次“温室气体排放交易研讨会”（Workshop of Greenhouse Gas Emission Trading）。研讨会上，与会的各国专家都会对温室气体排放交易的理论、交易机制、参与者、交易规则、投资项目等各方面的内容进行深入的研讨；国际排放交易协会（IETA）自 1999 年 6 月成立以来，本着“为全球环境问题提供可持续的解决方案”的宗旨，为实现《联合国气候变化框架公约》规定的目标而展开多方面的工作，其中就包括召开碳排放的座谈会和研讨会，并直接参与排放市场，等等。参见下列网站：（1）联合国气候变化框架公约网站（UNFCCC，www. Unfccc. int）；（2）政府间气候变化专业委员会网站（IPCC，www. Pcc. ch）；（3）国际能源机构网站（IEA，www. Iea. org）；（4）国际排放交易协会网站（IETA，http://ieta. . org/ieta/www/pages/indes. php）。

度在最近的发展，并将与气候变化相关的专业的法律制度与运作机制传授给哥伦比亚自愿减排的企业和个人，使他们理解相关法律知识并能充分参与到碳市场的交易中来。研讨会分三部分内容：(1)《联合国气候变化框架公约》新近的谈判趋势、发展中国家采取减排交易措施的性质和程度以及碳市场交易机制的改革问题；(2)哥伦比亚政府法律对减排认证的处理问题；(3)清洁发展机制项目下的商贸与法律问题都与国际法、《联合国气候变化框架公约》及《京都议定书》所设定的基本原则、机制、规则相关。①

3. 从各国国内法比较的角度论述。自20世纪90年代以来，世界各国针对温室气体排放以及碳交易展开了相应的研究和立法，美国、德国、英国、日本以及澳大利亚等国都先后不同地制定了符合本国的碳交易市场法律规范体系。特别是近几年来，由于《京都议定书》第一期所设定的发达国家减排目标很快就要到期，为此各国家，包括发展中国家都意识到了碳减排将成为未来国际社会谈判的焦点和重心，碳交易市场前景极其广阔，从而制定了各国相应的碳交易法律，为将来各国控制国际碳交易市场份额提供法律支撑。如国际排放交易协会(IETA)自成立以来，每年都会定期出版自己的刊物《IETA排放市场评论》，对碳排放市场进行深度分析。其中，每一期的刊物都可能有来自不同国家的法律制定情况及分析。②

(三)国内学者关于碳交易研究现状

我国是比较早的关注环境并着手实施环境保护措施的国家。从20世纪80年代开始，我国环境工作者开始着手研究排污权交易政策，而且是积极地加入到国际“排放权交易”的国际法律条约及机制的谈判和制定工作中来。所以，就研究的进度而言，可以分为两个阶段：首先是“排污权交易”阶段；其次是“排放权交易”阶段。

---

① ICC. Legal Developments in the Carbon Market[J]. Legal Paper Workshop. Bogotá: April 21, 2009, 1 – 18.

② 参见 IETA. Greenhouse Gas Market 2003 – Greenhouse Gas Market 2010[M].

关于"排污权交易",有的学者认为,在我国应尽快建立,有的学者则认为不宜;有的学者则认为排污权交易理论存在重大缺陷。这些观点也或多或少地影响了我国的"排放权交易理论"的形成。

但从整体上来讲,自"碳交易理论"传入我国以来,我国不但从实践上加入了《联合国气候变化框架公约》,签署了《京都议定书》,成立了"天津排放权交易所"等交易市场,而且在碳交易的理论研究方面,也取得较可喜的成绩。就作者所研究的文献来讲,到 2012 年 2 月 20 日查阅了文献总库所有的资料,涉及碳交易法律著作 3 部,①国际法博士论文 2 篇,②硕士论文 14 篇,③文章 60 余篇。④ 这些研究文献从不同的角度,对在出版或发表时所形成的国际或国内温室气体排放的法律制度或机制进行了一定的分析。但相比较而言,我国对碳交易的研究大都是以 CDM 为参照,系统性不够。

---

① 林云华. 国际气候合作与排放权交易制度研究[M]. 北京:中国经济出版社,2007。该书以有关温室气体排放权交易的四个环节相关法律制度为主线,从民商法、国际法等多个法律学科的视角对国际温室气体排放权交易的制度性问题进行了较为系统的分析,指出了 2007 年以前国际温室气体排放权交易法律制度中存在的问题,并针对这些问题提出了相应的解决措施。同时,结合实际对中国温室气体排放权交易的法律制度提出了一些具体设计思路;朱家贤. 环境金融法研究[M]. 北京:法律出版社,2009。该书是我国第一本专门从法律的角度研究环境金融的著作。其中第 2 篇第 4 ~10 章是介绍"排放权交易的法律制度"的内容,就排放权的一些法律规范作了介绍,并介绍了《京都议定书》框架下的排放权交易体系。但该书着重是介绍"碳金融"方面的知识;周亚成,周旋. 碳减排交易法律问题和风险防范[M]. 北京:中国环境科学出版社,2011。该书更多地从实务角度,对碳减排交易的程序性问题以及风险防范问题进行阐述。

② 杨兴.《气候变化框架公约》研究——兼论气候变化问题与国际法[D]. 武汉:武汉大学,2005。该论文主要是以《联合国气候变化框架公约》为主线,详尽介绍了《气候变化框架公约》的背景、内容简要评析、《京都议定书》确立的几项法律机制、价值取向等;李明勋. 解析京都议定书的作用与局限性[D]. 北京:中国政法大学,2009。该论文主要是以《京都议定书》产生的背景及其内容为主线,充分介绍了《京都议定书》三个交易机制的遵约机制及其内容的法律性、局限性。

③ 王宁. 温室气体排放交易的法律问题研究[D]. 北京:中国地质大学,2009;张棉. 论气候领域的国际合作机制——析《京都协议书》中的清洁发展机制[D]. 北京:中国政法大学,2005;孙良. 论我国碳排放权交易制度的建构[D]. 北京:中国政法大学,2009;张安娟. 碳排放权交易制度研究[D]. 南京:南京大学,2011;等等。这些硕士论文往往是介绍碳交易制度的相关背景,或有关国家的碳交易制度以及我的碳排放交易制度的构建。

④ 胡迟.《京都议定书》框架下的排放权交易[J]. 绿叶,2007,(6):38 - 39;丁方旭. 跨国排放权交易的若干思考[J]. 中南财经政法大学研究生学报,2007,(6):146 - 149;冷罗生. 构建中国碳排放权交易机制的法律政策思考[J]. 中国地质大学学报(社会科学版),2010,10(2):20 - 25;等等。

(四)简要述评

通过国内外学者研究碳交易的视角、路径和问题,可以看出,当前国内外对碳交易的研究主要是站在经济学、生态伦理学、民商法学、国际法学等学科的角度,对碳交易展开分析和论证。就国际法学而言,分析和论证的问题主要有:(1)国际碳交易排放权的法律概念或基本定义;(2)国际碳交易的基本法依据《联合国气候变化框架公约》和《京都议定书》的有关内容及其背景、机制的介绍和评析;(3)国际碳交易的法律合作机制等。但就具体的碳交易法律制度构建和设想,当前国内外的研究要么只就相关制度的基本理论简要论述;要么只对国际碳交易所依据的《联合国气候变化框架公约》和《京都议定书》作出理论和机制上的简单分析;要么还只停留在先前所设定的机制和市场状态下的分析,而这些不足以对当前国际碳交易的基本法律理论、基本法律规则、认证制度、合同法律制度、碳交易的贸易限制措施与 WTO 规则之间的冲突作出准确的回答。因而,本书将在他人研究的基础上,从国际碳交易市场运行机制的研究进路,着重研究国际碳交易中的这些法律问题及其中国对碳交易规范模式的选择问题。

三、本书的结构和内容提要

本书由导论、主体以及结语三部分组成:导论部分,主要包括本书的研究背景、研究意义、文献综述、文章的结构和内容提要、研究方法和创新之处等内容。主体部分为五章,第一章碳排放权的基本法律属性,主要是国际社会对碳排放权的法律属性的不同观点和理性思辨,并提出本书的观点,认为碳排放权是一种自然权利,具有国际人权法和国际环境权益法属性;第二章国际碳交易的基本法律规范,主要是对国际碳交易采取国内法与国际法双重调整的监管机制、法律规范调整内容的综合性以及法律规范的“软法”性进行分析;第三章国际碳交易认证法律制度,主要是对国际碳交易的认证必要性、认证机构及其法律地位、认证程序及其法律科学性等内容进行分析并找出其缺陷和改进方法;第四章是国际碳交易合同法律制度,主要是对国际碳交易合同的订立程序、国际法属性以及合同主体之间的权利和义务、违约责任及其补救措施进行分析;第五章是国际碳交易限制措施与 WTO 规则间的冲突与一致性,主要是对国际碳交易的贸易限制措施与 WTO 规则之间的背景、贸易限制措施与 WTO 规则之间的各类冲突以及如何达成碳交易的贸易限制措施与 WTO 规则之间的一致进行分析。最后部分是结语。

四、本书的研究方法和创新之处

(一)研究方法

本书将结合理论与实践,主要是运用了以下几种研究方法:

1. 历史考察与现实分析法。通过历史考察的方法,将国际碳交易市场运作法律机制的形成、碳交易认证法律制度、碳交易合同法律制度等逐一进行分析和论证,并结合当前国际碳交易的现状,揭示国际碳交易在法律属性的不确定、碳认证标准不统一、权利与义务不对等、碳贸易限制措施与世界贸易规则有法律冲突等方面的法律问题,并以历史辩证的方法对这些问题予以系统的科学的回答。

2. 实证与规范分析法。本书将通过实证与规范的分析方法,对当前国际碳交易市场发生的现实案例进行分析(如中国的碳排放交易项目委托第三方独立机构审定而形成的中国第一个关于碳交易项目的纠纷案件和美国诉欧盟对航空过境征收碳排放交易税的纠纷案件);并结合对国际碳交易的基本法律原则、法律制度及各类相关规则进行完整分析的基础上,对这些案例作出相应的价值判断和评价,找出其不足,并对碳交易国际法规制完善的方向和内容提出合理化建议。

3. 比较分析法。运用比较的方法,分析不同地区和国家为履行《联合国气候变化框架公约》和《京都议定书》等明确规定的强制减排义务和其自愿参加的减排义务而相应制定的各类政策和立法,并探讨在新的国际形势下,各地区和国家为应对非传统安全威胁、为履行各自承担的国际义务和道德义务而采取的措施和方法，从而作为我国政策与立法的借鉴内容，为将碳交易写进我国的《大气污染防治法》或为建立我国独立的碳交易法律体系奠定坚实的理论和实践基础。

（二）创新之处

本书的创新点主要是以下几个方面：

1. 方法上，本书改变过去许多研究只对国际碳交易采取经济学阐释的方式，站在国际法学的前沿，对碳交易的研究内容以国际法律审视，结合了国际人权法、国际环境法、国际经济法、国际贸易法等国际法学科专业知识，是复合交叉学科的结晶。

2. 内容上，本书是从国际法的角度，从宏观到微观的研究进路，对国际碳交易的法律基础理论、基本法律规范、碳认证标准制度体系、碳交易合同权利和义务、碳贸易限制规则与 WTO 规则的关系等进行了细致的梳理，使碳交易的国际法律规范体系呈现并展现其合理和不足的一面，并在此基础上提出更加合理的碳交易国际法律规范内容。

3. 具体制度上，本书围绕国际碳交易，对以下国际社会讨论热烈、争执较大的几个问题进行了充分论述并提出自己的看法与观点：一是目前国际社会对碳排放权的法律属性认定存在局限性，应当在超越法系或是国内法基本理论和制度的基础上，从国际法层面作出法律、伦理和道德的回应，认定碳排放权具有自然法属性、国际人权法属性以及国际人类环境权益法属性；二是国际碳交易法律体系从《联合国气候变化框架公约》、《京都议定书》到欧盟碳排放交易指令到各国的碳排入交易法律规则，表现出非强制性的特征，不利于国际强制减排义务的落实和国际碳交易的发展，需要国际社会共同努力在给予各缔约国时间和责任义务分配上的区别对待的前提下，逐步达成广泛一致的强制减排公约或协定；三是当前的国际碳认证标准具有多样性，容易导致碳交易项目的认证结果不统一，甚至导致国际碳交易市场的技术性壁垒。为此,需要从国际立法层面对国际碳认证的标准进行明确,以保障国际碳交易项目认证的公平与公正;四是国际碳交易协议并没有形成统一的示范合同。不同的碳交易主体适用不同的碳交易合同模板会导致碳交易主体在权利和义务上的不公平。应克服碳交易合同在主体和客体、权利和义务、履约程序和法律效力等内容上的不足,并在合同适同中给予非违约主体以救济措施,以有效促进碳交易的发展和公平性;五是在对碳排放权交易制度是否属于 WTO 法的适用范围作出肯定判断后,我们有必要平衡环境保护目标与多边自由贸易体制价值取向之间的冲突关系,从而找到国际碳交易的贸易限制措施与 WTO 规则之间的一致性。

第一章　碳排放权的基本法律属性

国际碳交易的法律制度是在国际社会的共同努力促使下，各国为适应气候变化而共同建立的一种降低各国成本的法律交易原则、交易方法、交易规则和交易机制的统称。《联合国气候变化框架》，特别是《京都议定书》是其基本法律文件。目前，国际碳交易的所有法律规则和机制以及为将来国际社会制定新的规则或机制的谈判都是在此前提下进行的。因此，当我们探析两大不同法律体系下的国际碳交易法律问题时，首要的问题就是要解决国际碳交易法律制度的基本属性问题——碳排放权的法律属性——这是解决国际碳交易基本法律制度形成及与它相关法律制度的中心问题。

第一节　碳排放权的法律属性阐释溯源

国际碳交易的"合同标的"是碳排放权。它是国际碳交易买卖双方订立合同进行碳减排交易的客体，是碳减排交易权利和义务指向的对象。根据碳排放权赖以产生的制度框架的不同，排放权的类型也就会呈现差异，实践中它主要包括配额和信用两种。[①] 依据《京都议定书》第3条第7款的规定，在《京都议定书》中附件一国家的碳排放权是由《联合国气候变化框架公约》第三次缔约国大会经过多轮谈判后最终确定的。因为，任何一个参与碳排放权交易的国家都充分意识到，碳排放权的初始确认是碳交易的基础，没有这个基础，各国无从构建交易机制，也无从进行碳交易。事实上，碳排放权的初始确认，必须先明确碳排放权的本质。从英美国家的认识上来看，碳排放权兼有商品属性和货币属性，是一种能进行充分交易的具有“商品信用”特征的无形的“碳货币”；从大陆法系国家的认识来看，碳排放权则是具有交易产权意义上的一种商品，属物权范畴，只不过基于它的公共产品属性，划入准物权范畴更为确切。基于国际碳排放权交易的时空维度、合作机制构建等因素，我们既要清醒地意识到国际社会在碳排放权的认定上的差异，又要考虑到这种交易上的法律属性一致性——国际人权法和人类环境权益法的法律属性的统一应当是国际社会对国际碳排放权交易的全新共识。

一、碳排放权在英美法中的财产属性

英美法中，对于类似于无形商品的排放权，是界定为一种财产，会产生一束权利，为交易商品权利主体所拥有。应该说，碳排放权交易，最初就是来自美国的自愿碳交易市场。追溯到更早的理论创建，也是来自美国的戴尔斯于1968年提出了碳交易理论思想。[②] 那么，是否在英美国家就是将碳排放权认定为财产权呢？

---

① 配额（Allowance）是在“限额与交易”（Cap and Trade）体制下根据国际规则、国内规则或机构规则等，由公约、各国政府或监管机构分配的代表一定温室气体排放权的单位；信用（Credit）是在“基准与信用”（Baseline and Credit）体制下，基于项目的温室气体减排产生的并经独立的第三方审核机构核实、确认后的温室气体减排量。一般来讲，配额与信用具有“无形性、有限性、经济性和可支配性”的特征。参见周亚成，周旋. 碳减排交易法律问题和风险防范[M]. 北京：中国环境科学出版社，2011：66－67.

② 陈安国. 美国排污权交易的实践及启示[J]. 经济论坛，2002，(16)：43－44.

从目前我所掌握的资料来看,大体上如此。但也并不尽然。因为,虽然碳排放权从它的形成、它的交易过程的设定上,从没有脱离过“财产利益”的属性,但这仅只是表明,财产利益有可能为制定法(statute)所认可。然而,立法机关日渐认识到支撑此类新设财产利益的结构、社会及经济的关切。[①] 这就意味着新的制定法上认可的利益是不太可能轻易就能建立起来的。[②]特别是当这类利益的形式和特征可能给普通法的财产概念框架造成负面影响的时候,更是如此。[③] 如果制定法将某种新的权利确认为有效,那么它往往参考普通法上此前已有的权利形式,并非纯粹的制定法上的描述。[④] 这样的结果不是经过审慎评估得来的,而是立法惰性使然。尤其是,当新权利的内在属性与普通法上固有的权利形式不相吻合的时候,更是如此。[⑤] 这种通过制定法确认新权利效力的方法形成的必然是反常的各种利益的混合体。[⑥] 符合普通法要件的普通法权利形式很可能与通过特定的制定法认可的普通法

---

① See generally Anthony Scott, Property Rights and Property Wrongs[J]. (1983) 16 Canadian Journal of Economics 555 discussing the merits of statute and common law in the evolution of property interests.

② see Brendan Edgeworth, The Numerus Clausus Principle in Contemporary Australian Property Law [J]. (2006) 32 Monash University Law Review, pp387.

③ Statutory land interests have been described as ‘entitlements of a new kind’: Harper v Minister for Sea Fisheries (1989) 168 CLR 314 at 325 (Mason CJ, Deane and Gaudron JJ). This is discussed by Scott, id at 558.

④ see Thomas Merrill and Henry Smith, Optimal Standardization in the Law of Property: The Numerus Clausus Principle[J]. (2000) 110 Yale Law Journal 1; Bernard Rudden, ‘Economic Theory v Property Law: The numerus clausus problem’ in John Eekelaar and John Bell (eds), Oxford Essays in Jurisprudence: Third series (1987) 239.

⑤ See Scott, above n 16. See also Anthony Scott, Does Government Create Real Property Rights?: Private Interests in Natural Resources[J]. in University of British Columbia Department of Economics, Discussion Paper No 84 - 26 (Vancouver, 1984).

⑥ See for example, the categories outlined by Mathew Storey, Not of this Earth: The Extraterrestrial Nature of Statutory Property in the 21st Century[J]. (2006) 25 Australian Resources and Energy Law Journal 51 at 54. The author sets out four different categories: (1) Defeasible statutory replication of a common law title; (2) Statutory property bearing no common law parallel; (3) Statutory licence; and (4) A public right created by statute.

权利形式并存。但是这些所谓的制定法与普通法规范并不一致。[1] 通过这种散布点缀的方法来确认新权利的效力，最大的困难就在于看不到一个确定的基础，也就是说，哪种权利应该对应哪种形式。校验（Verification）和类型化（Categorisation）就会变得任意、武断、变化无常。比如碳排放权是不是应该认定为一种财产，就有一个过程。最终，英美立法机关将与碳排放权有关的内容视为"财产（property）"并赋予其效力。这实际上也是英美国家认识到碳排放权本身的存在和实际价值所然。这也可以从澳大利亚关于碳交易的相关法律制度上得到验证。如在澳大利亚，几乎每一个州都可以见到这样的立法，但是每一个州实行的校验程序（verification process）各有不同。有些州将碳排放权看做是"普通法上的预期利润（a common law profit à prendre）"，有些州则偏向于将此种权利看做为"纯粹的法定利益（a pure statutory interest）"。[2] 纯粹的法定利益指的是与任何一种普通法形式都不能对应的财产利益。[3] 澳大利亚学者认为要以新的形式将碳排放权视为新的财产权利益。因为在他们看来，"碳排放权上的利益（Carbon Sequestration Interests）"根本不同于既有的普通法不动产形式，所以，借用普通法的框架

---

① The later category has been endorsed in New South Wales, Tasmania and Queensland which have all deemed carbon sequestration rights to constitute ' profit à prendre ' interests. See also Scott, Does Government Create Real Property Rights?, above n 19, where the author suggests that statutory property is generally a legislative response to social and economic development. For a discussion of the specific development of statutory rights see further, Anthony Scott, ' Conceptual Origins of Rights Based Fishing' in Philip Neher, Ragnar Arnason and Nina Mollett (eds), Rights Based Fishing (1988) 11.

② Western Australia and South Australia have endorsed the carbon sequestration right as a pure statutory form. See Forestry Property Act 2000 (SA) s 3A; Carbon Rights Act 2003 (WA) s 3.

③ A clear example of this form of interest is an exploration permit under the former Petroleum (Submerged Lands) Act 1967 (Cth) (repealed by Offshore Petroleum (Repeals and Consequential Amendments) Act 2006 (Cth)), which conferred a right to the grant of a petroleum licence but only a limited right to the petroleum itself. See the discussion on the vexed proprietary status of this ' pure' statutory form by Gummow J in Commonwealth v WMC Resources Ltd (1998) 194 CLR 1 at [194] where his Honour noted that the statutory interest was property despite the fact that its ' defeasance' did not equate with an acquisition of property in a constitutional sense.

体系来表达此类利益必然引发很多问题。[①] 以既有的立法条文来将碳权利(carbon right)表述为一种利润的话,困难在于碳权利并非简单的"收取权(a right of taking)"。普通法上的预期利润赋予权利人从土地收取天然出产物的权利,也即孳息取得权,但在碳排放权上,则是需要国际社会通过不断地磋商并达到一致最后确定分配比例或数量来建立这样一种权利。不过,好在国际碳排放权一经确定,碳排放权的"财产"属性就得到确定,而在所有缔约国的观念中,财产属性和与之相关的财产利益就成为碳排放权本质内容。也即,对于不同的缔约国而言,只要达到条约所设立的条件,就在交易的初始确定了缔约权利人拥有移除权(right of removal)[②]和其他价值权利;更确切地说,碳排放权上的权利人将从排放权的交易过程中得到无形的商业与经济好处。[③]

无论是英美国家,还是其他的市场经济国家,其所建立的市场交易制度,其根本的特质在于市场中存在财产以及基于财产自愿交换而订立的强制性私人契约,从而达到对资源的最优配置和良好的经济效益。所以,英美国家将碳排放权确立为一种财产权,是在理论上对大气中排放出的碳自然资源商品化和货币化。并且,欧盟《温室气体排放交易指令》、英国《气候变化法案》、美国加利福尼亚州《全球气候变暖解决法案》等也以立法的形式对

---

① The carbon right has been described as a 'novel' right with a complexity that has made it difficult to characterise. See Steven Kennett, Arlene Kwasniak and Alastair Lucas. Property Rights and the Legal Framework for Carbon Sequestration on Agricultural Land[J]. (2005 - 2006) 37 Ottawa Law Review 171 at 179.

② It might be possible, or at least more accurate, to align the interest with the profit à rendre. The profit à prendre was described by Santow JA (Mason P and Beazley JA agreeing) in Clos Farming Estates v Easton (2002) 11 BPR 20,605 at [59] (referring to Peter Butt, Land Law (4th ed, 2001)), as 'a right or obligation to enter land to put there something of benefit'. See also Permanent Trustee Australia Ltd v Shand (1992) 27 NSWLR 426 ('Permanent Trustee'), at 431 (Young J), where a profit à rendre was described as an incorporeal hereditament being 'a right to go onto the land and to put on it something of benefit to it'. The character and scope of the profit à rendre was discussed by Brendan Edgeworth, Profits à Rendre: A Reincarnation? [J]. (2006) 12 Australian Property Law Journal 200.

③ See Conveyancing Act 1919 (NSW) s 87A; Forests Rights Registration Act 1990 (Tas) s 5(4).

排放权及其交易做出了明确的规定，以此推进排放权市场的发展，激励排放主体积极做出减少温室气体排放的努力。[①] 从而，不但为碳排放权的市场交易的可能实施确立了理论基础，也使排放权交易从理论走向现实。

二、碳排放权在大陆法中的权利属性类型

大陆法中，所有的财产权利都是设定在民法体系下的。民法上的财产权利包括物权、债权、继承权及知识产权等。物权是指是指权利人依法对特定的物享有直接支配和排他的权利，包括自物权（所有权）和他物权（用益物权和担保物权）。在大陆法国家研究碳排放权的学者们大都认为碳排放权属于物权的范畴，具有物权性，而且是物权中的用益物权；[②]也有部分学者认为，它已经超出传统的物权概念，属于准物权。[③]

（一）用益物权属性

用益物权主要是以民法物权理论为依据，是指对他人所有物的使用和收益的权利。用益物权以对标的物的使用和收益为主要内容，并以对物的占有为前提，具有他物权、限制物权和有期限物权等特性。碳排放权，实质上也是一种用益物权，是指碳排放权利人使用环境容量资源而享有的占有、使用和收益的权利总称。当前，许多进行碳排放权交易的国家，通过向权利人发放排污许可证，实现权利人的基本权利。正是这种环境容量资源的使用权，决定了排放权就是环境利用人依法对环境容量的占有、使用和收益的权利。因此，从相关的特征分析，这就是典型用益物权。

1. 碳排放权的对象客体——环境容量被视为无体物。依传统物权法理论，物权客体是指特定的、独立的、有用的、可以被人们所支配的对象。从外

---

① 郑少华，孟飞. 论排放权的时空维度：低碳经济的立法基础[J]. 政治与法律，2010，(11)：87.

② 朱家贤. 环境金融法研究[M]. 北京：法律出版社，2009：44－46.

③ 周亚成，周旋. 碳减排交易法律问题和风险防范[M]. 北京：中国环境科学出版社，2011：83；邓海峰. 排污权：一种基于私法语境下的解读[M]. 北京：北京大学出版社，2008：232.

在形体来看，排放权的客体环境容量是一种无形资源，具有极大的不特定性和不可分割性，似乎是不可以独立和为人们所支配，从而难以被界定为物。但在现代理念和技术下，跨越时空的维度，一定时间一定范围内的大气是可以被特定并且可以为人们所支配的。正是在这一前提下，作为碳排放权的对象客体环境容量是可以被人们所独占使用而具有可支配性，从而获得了排他性。只不过，作为公共资源的大气，目前从国内法上，是为国家所有的一项资源、资产。如我国的《宪法》第 9 条规定，“矿藏、水流、森林、山岭、草原、荒地、滩涂等自然资源，都属于国家所有，即全民所有；由法律规定属于集体所有的森林和山岭、草原、荒地、滩涂除外”。因此，排放权是国家享有的对环境资源所有权基础上衍生出来的一种权利，是环境资源的所有者国家许可排放者使用环境资源的权利。加之，由于大陆法系存在着“权利”的物化和一切“物”的有体化倾向，无体物就成为权利物化的结果。这就不难得出结论，从碳排放权对象物所具有的特有独立性、价值以及能满足人类社会需要等属性来看，环境容量具有民法中物的特性，是属于国家所有而企业使用的特定物。

2. 传统物权法上，用益物权得益于所有权的占有转移，是一种直接占有。但排放权的客体无体无形，不可以直接占有。但它在物理性质上的空间分布特性，表明它仍然是能为人们所支配的，只不过是一种间接的占有。事实上，排放权通过法律进行确认和分配后，虽无法直接占有一定的物理空间，但排放者可以依照国家政府的许可，以一定排放标准、排放容量向大气、河流中排放污染物，这种行为可以认定为实际上对国家所有的环境容量的占有。这种占有是一种特殊形式上的占有。排放权具备了用益物权的这一要求。①

3. 按照我国《物权法》第 2 条第 2 款“本法所称物，包括不动产和动产。

① 李霞，狄琼，楼晓. 排污权用益物权性质的探讨[J]. 生态经济，2006，(6)：33.

法律规定权利作为物权客体的,依照其规定”的规定,似乎作为无体物的环境容量,存在制度解释上的困难。但一般的物权属性认定,只要客体对人类具有经济价值并具备了一定的可支配性、独立性和特定性,就是满足人类需要的物,就应当得到物权法上的认可。碳排放权无论是从现实的配额分配和项目信用形式来看,还是从拟制成物权客观的技术上来看,都反映出碳排放权作为空间的“物”的现实可行性和可操作性。尽管这也是一种严格的法定的支配性权利,是由立法者人为界定的一个无形的利益边界,①但这并不否认,从法律技术上,环境容量可以分割为不同的份额,使它们彼此之间并不冲突,各个权利主体可以独立地行使自己的权利。

因此,赞成碳排放权是用益物权属性的学者,是从私权的角度,充分考虑碳排放权基本特征相对应于传统物权客体物的特征后而得出的观点。

(二)准物权属性

随着社会的发展,传统物理论所认为的物权及其标的物的特性和其他权利类型正在得到扩展。于是,有些传统类型的物权被新型物权替代。新型的物权类型,被称为准物权。准物权具有以下特征:(1)客体是除土地之外的其他自然资源;(2)客体是可消耗物;(3)取得必须经过行政许可;(4)具有公权力色彩。从准物权的特征分析并划分类型,准物权除了公认的矿业权、水权等权利之外,其外延相对较宽,以环境容量为客体的排污权也可以看做是准物权之一种。因而有些学者认为,以大气环境容量为客体的碳排放权也应被看作是一种新型的准物权。因为,碳排放权既具有物权化的必要性,也具有物权化的可能性。在国际法实践中,碳排放权更具有显著的准物权属性。②

当前,碳排放权的准物权属性主要表现在以下几个方面:

1. 碳排放权作为物权,客体明确。《京都议定书》是《联合国气候变化框

① 马俊驹,梅夏英.无形财产的理论和立法问题[J].中国法学,2011,(2):103.

② 王明远.论排放权的准物权和发展权属性[J].中国法学,2010,(6):93.

架公约》缔约国为实现公约的既定方针而加以明确缔约国之间的减排目标而形成的。它已经明确规定了附件一所列国家的温室气体减排目标,当这些国家最终签署《京都议定书》,其所享有的碳排放权就得到了确定。这是碳排放权确定具有准物权属性的基础。尽管《京都议定书》2012 年以后的发展并非完全明确,但有一点可以肯定,碳减排进程已经获得国际社会的共识,是有利于人类的共创善举,为达到对温室气体排放的有效控制,在今后的碳排放权确定相信会更加清晰和明确。

2. 碳排放权作为物权,占有弱化、公私兼容。碳排放权在《京都议定书》明确后,《京都议定书》附件一各缔约国的碳排放权就得到了量化和强制。这既赋予了各附件一缔约国以义务,同时也在国际法上给予了这些缔约国以自由支配碳排放权的权利。各缔约国可以在完成国际社会所赋予的义务后,充分行使这项权利,并通过交易制度将碳排放权转让,也可以通过购买其他国家的碳排放权来供本国使用或用以达到减排目标。这体现了碳排放权的物权支配性。但毕竟在行使这项权利时,鉴于:(1)对碳排放权的支配并非是通过对客体的直接占有来实现;(2)国际碳交易制度设计时的国家许可、国际组织的审核和登记,体现出碳排放权的认定和交易实施具有公权力色彩,碳排放权的准物权性质也就更加明显。

3. 碳排放权具有可交易性。《京都议定书》确定的京都三机制,即国际排放贸易、联合履行机制和清洁发展机制,共同组成了碳排放权交易制度。在京都三机制条件下,碳排放权具有可交易性。这是碳排放权交易客体的一个重要特征。具有这个特性,也就使得优化配置大气环境容量资源、实现和促进温室气体减排成为现实。公约体系构建碳排放权数量的目标是一种人为的设计。不可否认,在这种设计下,公约目标的达成是多方监管和限制的结果。因而,作为准物权的碳排放权的交易性与传统物权制度下的商品交易具有不一样的特点。

因而,对于赞成将碳排放权纳入准物权概念范围内的学者,不仅考虑到了碳排放权趋向于物权化的情形,更多地考虑到了它的对象客体的法定性,因为碳排放权首先是且主要是一个国际法上的概念。这对于国际制度化设计的一个概念来说,也的确应当是最需要关注到的本质特性。显然,碳排放权作为国际社会调控气候变化的一种权利创设和手段,它本身是不能达到公约体系建立的目标的;而是需要拥有碳排放权的缔约国主体充分行使这一权利,在实践的制度设计中,将公约国的碳排放权细分到市场主体手中,然后由这些私主体支配、使用或交易。即碳排放权与传统物权在主体上往往也是一致的,国家介入碳排放交易的环节并不影响碳排放交易制度整体表现出来的私权性质;就权利内容来说,碳排放权也明显表现出私权特征。因此,国际碳交易中的碳排放权的国际法色彩并不影响其物权化和具备准物权属性。①

(三)环境权属性

有学者认为,“排放权是基于科斯的产权理论提出的新型权利。是一种兼有私法权利与环境法权利性质的综合权”;②也有的学者认为,通过排污的许可,排污者依法向自然环境排放必须和适量的污染物,既是发展经济的需要,也是生活在全球社会中的权利人依法所享有的对环境容量资源占有、使用和收益的当然权利。③ 所以,不管是将碳排放权作为一种用益物权还是准物权来定性,它肯定是在生态危机凸显的大背景下,环境资源法律化的重要表现,必然脱离不了大自然环境的背景和容量体现。

当然,基于环境权的国内与国际类型化,环境法律关系主体所享有的适于健康和良好生活环境以及利用环境资源的权利体系,不是某一类主体所能界定的,也不是某一类碳排放权的客体物或权利所形成的。一般来说,目前研究环境权利法律体系的学者,比较赞同将环境权利体系分为公民环境

---

① 王明远.论排放权的准物权和发展权属性[J].中国法学,2010,(6):95.

② 邹鹏.金融法视野下的排放权性质之初探[J].济宁学院学报,2011,32(1):100.

③ 朱家贤.环境金融法研究[M].北京:法律出版社,2009:47.

权、法人及其他组织环境权、国家环境权和人类环境权。这些环境权利的实现和保障,需要国家和国际社会共同以国内环境法和国际环境法的规定来调控,并全面纳入环境法保护的范畴。就环境权中的客体碳排放权来说,是环境权中的生态性权利,其主体涉及法人及其他组织、国家,甚至在一定的条件下包括个人。从而在这种法律关系中所构建的环境权是一种清洁空气权。

因此,众多学者对碳排放权作为清洁空气权,属于生态权利范畴持赞同意见,是因为将碳排放权放到人与自然和谐构建的关系中,充分地关注自然,关注人类的自然环境发展,从而使得碳排放权作为一种新型的权利存在并得到充分的保护。

三、碳排放权权利属性的理性思辨

(一)碳排放权的财产法属性与其他权利属性界定之比较

对于碳排放权的本质,无论是英美的财产法属性,还是大陆法系的用益物权法属性,亦或是准物权法属性,都是研究碳排放权的学者们苦苦探索的结果。但对碳排放权属性的界定,此前存在多种观点,而且每一种观点并非完全科学、准确。

1. 碳排放权财产法属性与用益物权属性的比较。一直以来,英美法并无严格的“所有权”概念,亦未形成固定的人和物两种观念。在英美普通法看来,“财产是一组权利。这些权利描述一个人对其所有的资源可能占有、使用、改变、馈赠、转让或阻止他人侵犯”[①],而在确定财产的形式上,英美法不局限于“物权法定原则”,更多地以财产流转为核心,以合同来创设,以保证人们对财产的充分利用具有更大的灵活性。碳排放权是一种自然资源,当然具有财产属性。特别在美国最先建立碳排放权自愿交易方式以来,碳排放权作为一种自然资源,作为一种可以转让的财产也就与美国长期以来

① [美]罗伯特·考特,托马斯·尤伦. 法和经济学[M]. 张军等译. 上海:上海三联书店,上海人民出版社,1994:125.

的财产法观念得到了一致。这种观念在英美国家——碳排放权作为一种财产，具有可转让性，能够在占有这种财产的主体之间进行充分交易也就得到了普遍的认同。

事实上，财产即主体在物上的权利或加于其他人的非人身性权利，前者包括主体在物上的所有权或其他排他性权利，后者则包括债权和其他含有财产内容的请求权。① 财产权是一个更为广义的概念，就权利内容而言，包括了物权（所有权、用益物权、担保物权）和债权。只是，在英美法上的财产权不同于大陆法系的物权，并非是以一个绝对的所有权为基础。大陆法系的用益物权是必须借助于“物”，而使用该物之于使用收益的权利，是以绝对的所有权为基础的。就碳排放权的性质划定，如果按大陆法系的理念和精神，认定碳排放权为一种用益物权，首先得确定它的源泉——是否为基本物权的绝对所有权。也就是说，谁享有碳排放权的权利，谁又享有碳排放权分配的权利？那么，在碳排放权的英美法上的财产法属性和大陆法上的用益物权属性的最大区别，就在于碳排放权的权利基础来源不同。当然，就相同的方面，碳排放权作为用益物权，由所有权分离出来的形成过程也同样要借助于合同形式。

2. 碳排放权财产法属性与准物权属性的比较。英美法认定的碳排放权的财产法属性，是站在碳交易市场的角度，确定碳排放权更多的是为私权利，是可以通过市场交易的权利，其客体内容非常明确，权利类型可以自由占有和转让；但大陆法认定碳排放权为一种准物权，毫无疑问它更多地具有了准物权的特征，如依行政许可而设定，客体具有不确定性，负有较多的公法上的义务，且不具有处分权等。因此，英美法碳排放权的财产法属性和大陆法上的准物权属性的最大区别在于碳排放权的权利设定上。当然，这并非绝对，在碳排放权的初权利设定上，英美国家同样需要公平而公正的

---

① 马俊驹，梅夏英. 财产权的历史评析和现实思考[DB/OL]. 百度文库，http://wenku.baidu.com/view/7b1e8b4ff7ec4afe04a1dfdb.html，最后访问时间 2011-06-30.

分配。

3. 碳排放权财产法属性与环境权属性的比较。财产权与环境权是两种不同的权利类型。因此,就碳排放权的财产法属性和环境权属性而言,其区别是比较明显的。即环境权是国内部门法上的,为环境主体享有的以环境为客体对象的设定权利和义务的一种权利。

(二)碳排放权权利属性类型化的理性思考

通过对碳排放权国内法权利属性的比较,从国内法上,作者赞成碳排放权是一种准物权;从国际碳排放权交易的实践来看,作者更赞同它是一种无体财产权,而无须拘泥于物权类型化。

就准物权而言,或许它也并不是最为准确界定碳排放权属性的权利类型,但较国内法,特别是大陆法系国家的国内法,对碳排放权采用准物权法属性较用益物权更为准确一些。几乎所有研习民事法律的人都知道,用益物权称之为物之使用收益为标的的他物权,即就物之实体,利用其物,以其使用价值之取得为目的的权利。各国的物权法都规定,对于物权的类型皆采取法定主义。但至少到目前为止,碳排放权并没有划入到国内法上的物权权利体系中;且由于碳排放权在确定过程中,必然会面临多处公权力的行使,如清洁发展机制中的碳排放权形成,就需要各国家审定、EB 指定的第三方独立经营实体审查和核证以及 EB 审批和注册等,这与传统用益物权存在明显差异。

碳排放权定性为无体财产权,是基于国际碳交易的实践所作的分析。其原由主要是:(1)英美国家依据法律传统对碳排放权的明确认定;(2)国际碳排放权交易所依据的法律的区别。英美国家法律与大陆法系国家的法律在调整碳交易时存在冲突,需要选择较为适合碳交易冲突较小的法律基础为平台,以设定相应的制度体系。

那么,国际碳排放权的交易基础——碳排放权的属性认定,是否就以英美法上的财产权或是大陆法上的准物权认定并加以制度上的设计就是完善的呢？是否就可以以这种基础确定的制度来充分调控国际碳交易呢？这是作者一直在思索的问题。因为，国际碳交易的碳排放权的属性认定在法律制度层面存在以下几个问题：(1)横亘在两大法系的碳排放权属性认定有没有一种可以通用的标准加以认定；(2)两大法系的制度设计与制度功能的差异导致在具体的碳排放权类型设定上没有绝对正确的一种，需要找出最优的那一种方式；(3)最优的那种属性认定是否可以为人类气候的变化作出人类法律与道德上的最为准确的回答？对于这些问题的思考和回答，将是国际碳交易的最为根本的理论基础。作者认为，这需要超越法系的或是国内法的基本理论和制度，并从国际法层面作出法律、伦理和道德的回应。

第二节　碳排放权国际法属性的理性回应

大气环境容量资源的全球流动性使得碳排放权首先是一个基于国际法而产生的概念。国际法是放眼全球的，是关注世界的。当我们来研究碳排放权的法律属性问题时，就应当将其放入到国际社会的最为基本的范畴中加以理性的回应和解答。

一、碳排放权的自然法属性

“自然法是一种正当理性的命令，它表明一个行为是否符合理性的本性而具有一种道德上可鄙的或必然的品质，因而这种行为也就为自然的创始者，即上帝所禁止或命令”。[①] 格老秀斯对自然法的描述，其实是从人本身出发所作的研究，首先是对人格的表述——是从抽象的人的本性、理性出发来解释自然法的；其次是认为自然法也是上帝意志的体现，是大自然和社会在

① 格老秀斯. 战争与和平法[M]. 牛津：牛津出版社，1925：11－13，38－39.

上帝的主导下所产生的一种不变的法则,即使是上帝也不能改变。这样一种精神理念放到现在,就是人类社会的和谐发展与可持续发展的本源。当代人类社会追求环境权,追求清洁空气权、阳光权、水权等与自然相关的资源权利,意味着充分地认识了人类社会发展的规律,认识到了人类社会发展造成自然破坏的状况。而在当前国际社会所共同关注的清洁空气权方面,碳排放所造成的温室效应成为重中之重,人类都在思考温室气体条件下的人类发展问题,都在研究人类面临温室气体效应将如何应对的问题。其实,这也是人类尊重自然,尊重自然法则,尊重人性的现实表现。

清洁的空气是一种自然资源是得到普遍认可的。人们通常认为,碳排放权的过度许可容易造成碳排放主体向空气中排放诸如二氧化碳之类的温室气体,造成臭氧环境的损害,从而使得人类无法预防这种现象所带来的人类灾难程度。因此,我们既需要在一个统一的自然资源环境状况下生存,更需要在和谐的自然环境状况下生存。① 碳排放权从一开始就是碳排放对自然资源破坏的一种权利,它应该说是人类生存的自然法则的结果——碳排放权交易的自然法属性也应该是应有之义。由于碳排放权是一种环境权,因而在考察碳交易基本法律属性时,我们应当具有以下理念:(1)碳排放权作为一种环境权,是人为设定的法律权利,但它同样是一项自然权利,是与人性同存的“天赋”权利,是基于尊重他人而普遍适用的人类权利要求,具有普适性;(2)人类生活需要阳光、空气和水。清洁空气权除了是一项最基本的自然权利,同样也是人类生存需要的其他权利类型的基础,在整个利用自然资源与保护环境的权利中起全局性、根本性作用。它具有独特的价值;(3)碳排放权作为人类与生俱来的环境权利,不容许个人独占,也不容许一

① 有学者认为,应当区分“与自然统一”和“与自然和谐”两个概念。与自然统一是人类初始的生存法则,这是人类基因、功能和本质的体现;与自然和谐并非是一种自然而然的状态,而是我们的一种理想,需要我们人类的共同努力来完成的神圣事业。参见:[俄]A. N. 科斯京. 生态政治学与全球学[M]. 胡谷明等译. 武汉:武汉大学出版社,2008:58.

个人剥夺他人的这种权利。而且,随着人类对人与自然的逐步正确认知,这将成为一种更为崇高的人类权利意识,促使人类朝着更加觉醒的方向发展。[①]

因而,当我们在论述碳排放权的自然法属性时,首先是依人类自身的人性面启示的;其次是从自然发展的规律出发的;再次我们还需要确定如何强化对碳排放权自然法属性的理解和应用。我们所设计的一系列的制度应是自然法则的充分体现,我们在实施碳排放权交易和其他保护措施时,自然法的理念和准则将是最根本的原则。

二、碳排放权的国际人权法属性

碳排放权首先表现为人类享有一种自然资源——清洁空气权的权利。但自然资源在现代工业环境下受到了破坏,人类主体的生存基础被侵害,人类的生命和健康正在遭受过去难以承受的状况。自然资源中的清洁空气权受到了冲击,就意味着碳排放权利的错乱和滥用。碳排放权是一种环境权,而环境权是“第三代人权”在国际法领域也已经得到了公认。问题是,如何使碳排放权作为第三代人权的权利类型在国际社会得到全面的确认并在制度上得到充分的保护?

(一)碳排放权与人权的关联性

碳排放权与人权的关系,其实就是环境权与人权的关系。过去数十年里,有太多的学者在讨论人权与环境的关联关系。正是由于人权法学者和环境法学者的不断探索,才使环境权益上升为人权问题。[②] 1994 年联合国特

---

① 邱阳平. 试论环境权的本质属性[DB/OL]. 中国论文下载中心,http://www.studa.net/jingjifa/060930/11220032-2.html,最后访问时间 2011-07-06.

② See, e.g., HUMAN RIGHTS APPROACHES TO ENVIRONMENTAL PROTECTION (Alan E. Boyle & Michael R. Anderson eds., 1996); DINAH SHELTON, ENVIRONMENTAL RIGHTS IN PEOPLE RIGHTS 187-88 (Philip Alston ed., 2001) (discussing the interconnectedness of human and environmental rights laws); LINKING HUMAN RIGHTS AND ENVIRONMENT (Romina Picolotti & Jorge Daniel Taillant eds., 2003) (discussing the relationships between human rights and the environment).

别报告员 Fatma Zohra Ksentini 撰写了一份报告《人权与环境》(Human Rights and the Environment)。报告主张环境与人权之间有密切关联,并赋予环境权益以生命权、健康权和文化权的属性。① 2002 年在联合国人权专员和联合国环境开发署执行专员的组织下,专家团召集了"人权与环境的出口论坛(an Export Seminar on Human Rights and the Environment)"。与会专家一致认同如今人权与环境保护领域发生了密切的相互关联关系。专家们得出的结论是:人权与环境的关切、方法与技术之间的联系体现在国际组织的活动对实体权利和程序权利的发展上,也反映在国家宪法的起草与实施上。正因如此,当我们认真研究碳排放权的国际人权属性时,就必须要涉及如何来认定碳排放权在国际宪章、某些国际条约中的人权因素以及如何来规定其实体权利和程序权利的。在过去十余年里,有相当数量的判例法和决定承认,之所以基本人权遭到违反是因为环境退化(Environmental Degradation)的结果。许多国际的和国内的判决结论认为个人和群体都遭受了环境损害。这是由于生命健康权、清洁空气权等受到侵害的结果。② 为了保护此类权利,国际社会才共同构建了《联合国气候变化框架公约》,才共同制定了有国际法强制力的《京都议定书》。2002 年"可持续发展世界峰会"又进一步讨论了环境与人权联系问题。该场世界峰会是作为"约翰内斯堡执行计划(the Johannesburg Plan of Implementation)"之一部分而召开的。③ 近年来,全球气

---

① Comm. on Human Rights, Sub - Comm. on Prevention of Discrimination & Prot. Of Minorities, Special Rapporteur, Human Rights and the Environment, Final Report, U. N. Doc. E/CN. 4/Sub. 2/1994/9 (July 6, 1994) (prepared by Mrs. Fatma Zohra Ksentini) [hereinafter Final Report].

② Expert Seminar on Human Rights and the Environment, Meeting of Experts' Conclusion (2002), available at http://www. unhchr. ch/environment/conclusions. html.

③ World Summit on Sustainable Development, Aug. 26 - Sept. 4, 2002, Johannesburg Plan of Implementation, 164, 169, U. N. Doc. A/CONF. 199/20 (2002), available at http://www. un. org/esa/sustdev/documents/WSSD_POI_PD/English/WSSD_PlanImpl. pdf.

候变化与人权保护问题越来越受到关注和重视。[①] 因此,我们来认真关注环境与人权的关系问题,就是要意识到人权与环境是密切相关的,向空气中排放大量的二氧化碳等温室气体,将使人类赖以生存的自然环境丧失平衡性,必须大力改善人类的生存环境。联合国人权理事会(The U. N. Human Rights Council)于 2008 年 3 月 26 日作出的决议——人权与气候变化(Human Rights and Climate Change)中强调:"气候变化对世界人民及群体构成了立即的和远期的威胁,且对人权的充分享有产生了影响。"人权理事会还决定详细研究气候不变化与人权之间的关系,并向《联合国气候变化框架公约》的成员国散发研究成果。[②] 这一做法有力地促使人类社会向气候变化开战的信念和决心,以解决人类社会中与个人生存及健康直接相关又与公益性密切联系的清洁空气权的保护性问题。

(二)碳排放权的人权法保护

碳排放权作为一种权利,实际上是排放主体向大气排放二氧化碳等温室气体的被许可权利。从这个角度说,碳排放权是与环境权利相对立的一种权利。向大气排放温室气体的碳排放权,是人类追求粗放型经济利益的结果,但这种经济方式至少在一段时期,甚至较长时期是合理的。不过,当我们把碳排放权放入碳交易的语境中,意味着是碳排放主体通过项目或是其他的方式得到节约的碳排放数量。因此,它又是与环境权利的保护是统

---

① See, e. g. , Randall S. Abate, Climate Change, the United States, and the Impact of Arctic Melting: A Case Study in the Need for Enforceable International Environmental Rights, 26A STAN. ENVTL. L. J. 3 (2007) (considering the bases of international human rights, the impact of climate change on the Inuit, and the bases for recovery for climate change in human rights lawsuits); Timo Koivurova, International Legal Avenues to Address the Plight of Victims of Climate Change: Problems and Prospects, 22 J. ENVTL. L. & LITIG. 267, 285, 295 - 98 (2007) (discussing the challenges to climate change damage recovery, within the context of the "Inuit Circumpolar Council's (ICC) human rights petition against the United States," as a human rights issue).

② Office of the High Commissioner for Human Rights, U. N. Human Rights Council, 7th Sess., U. N. Doc. A/HRC/7/L. 21/Rev. 1 (Mar. 26, 2008), available at http://ap. ohchr. org/documents/E/HRC/resolutions/A_HRC_7_L_21_Rev_1. doc.

一的，是一种人权保护的表现。

事实上，在碳排放权这样的环境问题成为国际法的热点之前，人权久已成为国际法的焦点。虽然1945年《联合国宪章》（the United Nations Charter of 1945）标志着现代国际人权法的开端，但是1972年《斯德哥尔摩宣言》（the Stockholm Declaration of 1972）则普遍认为系现代环境保护法的国际框架。① 尽管它们各自的发端有时间上早晚，但是，人权法和环境法有一个共同点：它们都被视为对传统国家主权的独立自主性质的挑战与限制。② 然而，虽然传统意义上的主权（Sovereignty）观念认为：人权与环境法构成对国家自由与独立的限制，甚至构成一种威胁，不过，较近代意义上的观念认为保护人权与环境并不会对主权施加限制，相反，它为主权提供了一种释放与表达的机会。③ 从今天的视角看来，似乎显而易见的是人权与环境是有内在关联的，因为每一个人的生命与人格的完整性取决于对环境的保护，环境乃所有生命的资源基础。从碳排放权这个角度，我们就知道，如果人类还不知道控制碳排放的重要性，还不知道如何采取措施来有力地控制碳排放，那么人类所赖以生存的大气环境就会变暖，世界环境就会发生巨变，造成人类难以估算的破坏和损失。

所以，不足为怪的是：国际共同体（international community）正在密切关注人权与环境权利（environmental rights）的联系。人类环境的好坏与对基本权利的享有之间的关系首次为联合国大会于20世纪60年代末所认可。④ 1972年联合国人类环境大会（the United Nations Conference on the Human

---

① SANDS, Principles of International Environmental Law, 292ff (2003).

② See generally: FRANZ XAVER PERREZ, COOPERATIVE SOVEREIGNTY: FROM INDEPENDENCE TO INTERDEPENDENCE IN THE STRUCTURE OF INTERNATIONAL ENVIRONMENTAL LAW 46 - 64 (2000), W. Michael Reisman, Sovereignty and Human Rights in Contemporary International Law, 84 AJIL 866 (1990).

③ PERREZ, COOPERATIVE SOVEREIGNTY, supra note 2, at 331 - 343.

④ UNGA Resolution 2398 (XXII) (1968).

Environment,UNCED)在环境与生命权之间直接建立起联系。[①] 十年过后,《世界自然宪章》(the World Charter on Nature)明文提及"信息获取权(the right of access to information)"和"环境决策参与权(the right to participate in environmental decision - making)"[②]。又是十年过后的1992年《里约宣言》(the Rio Declaration)承认了三类与环境相关的人权:一是健康和富有生产力的生命与自然和谐相处的权利;二是获取环境信息的权利;三是公众参与环境决策的权利。[③] 至于1997年的《京都议定书》,则在其第2条中充分地表明了该议定书是在缔约方之间充分构建"促进人类农业、可再生能源、二氧化碳整合技术和对环境无害的先进技术、市场排放交易手段、减少气候变化的各种不利影响"的有效的市场机制,是一种保护人权的市场规制制度。它也表明,国际社会关注气候变化,关注人权的生存环境,关注清洁空气权的享有和保护已是时代发展的迫切需要。

以一般的观念,人权与环境关切之间的联系至少涵盖了三个层面:一是健康的环境权利(right to a healthy environment),此为生命权和人格完整权的根本部分;二是环境遭到摧毁很可能导致歧视和种族主义。[④] 因此,在社会与经济上处于劣势的群体似乎更多地居住在环境问题构成对身体健康的现实威胁的地区;三是程序性人权(Procedural human rights),诸如环境信息获取权、参与决策权,对于确保那些尊重环境关切的政策的实施至关重要。在碳排放权的问题上,就这三个层面的权利得到充分保护的积极意义是不

---

① Declaration of the United Nations Conference on the Human Environment, Preambular para. 1 and Principle 1, reprinted in: 11 I. L. M. 1416 (1972).

② World Charter for Nature, paras 15 - 16, 23, available at:
http://www.un.org/documents/ga/res/37/a37r007.htm.

③ Rio Declaration on Environment and Development, Principles 1 and 10, reprinted in: 31 I. L. M. 876 (1992).

④ Concerning environmental discrimination, see e. g: GüNTHER BAECHLE, VIOLENCE THROUGH ENVIRONMENTAL DISCRIMINATION (1999); P. Mohai and B. Bryant, Environmental Injustice: Weighing Race and Class as Factors in the Distribution of Environmental Hazards, 63 U. COLO. L. REV. 921 - 32 (1992).

言而喻的:(1)碳排放权的正义分配就意味着对清洁空气权在人类生存健康保障中的充分尊重。人没有呼吸就一定死亡。人没有清洁空气的呼吸就一定面临死亡。这种结果就是人的生命权和人格完整权不可能得到有效保障。没有生命或是没人格完整的人类社会还是我们所积极追求的社会吗?(2)当今世界发展的极不平衡原本就是一个非常残酷的现实,而追求经济发展速度的各国家忽略了碳排放与经济发展只能在一个较平衡的点上得到共存。这种状况下,对于经济发展水平低下、技术水平不高的国家而言,既需要发展经济实施大量的碳排放,同时又要确保这些国家的公民得到健康和保护,实际上是产生了矛盾的人权保护问题;(3)没有保障的权利堪称是无效的权利。虽然人权与环境关切之间的联系似乎显而易见,但是他们之间的联系的问题的确引起了诸多程序上有益的和正当的问题。这些问题放在国际领域,就是国与国之间如何加强国际社会共同义务的履行,同时考虑到国家情况和潜在作用不一,考虑政策与措施的差异,应设法推动对这些政策和措施的协调,充分加强对碳排放权保护的国际合作。

当然,任何的人权保护措施都不能尽善尽美。对于碳排放权的国际保护也不例外。也很有可能基于对碳排放的控制,对碳排放权的充分保护,使得人类经济的发展在一定程度上有了抑制。也即:由环境具有独立于它对人类的有用性转向纯粹的人为的环境干扰。① 这是我们不希望看到的,我们应在碳排放权的人权保护与人类经济的发展上找到合理的平衡。

三、碳排放权的人类环境权益法律属性

任何一种权利的创设不是没有根据的。20 世纪 70 年代后,我们才意识到过去我们根本不理会的臭氧层对保护人类免受紫外线等宇宙射线的伤害

---

① Concerning different anthropocentric and non - anthropocentric environmental ethics, see generally: R. ELLIOT (ed.), ENVIRONMENTAL ETHICS (1995); Jens Petersen, Anthropozentrik und ? kozentrik im Umweltrecht, 83 ARSP 361 (1997).

有如此重要的作用,以至我们必须关注对臭氧层有重要作用和影响的温室气体。正是这种关注,才使我们明白,环境权的设立并不是仅为人类社会,并不仅是为人的利益,也需要保护自然环境,为自然的持续进化而定。因此,国际社会才有了保护臭氧层的几个国际公约。这些公约的实施设想,才推动国际社会创设了各种各样的办法和措施。其中,为控制温室气体而实施的碳排放权交易机制就是其中之一。这些公约的形成从一开始就是国际性的,是全球国家的责任和义务。不管是缔约国家和非缔约国家,在确保人类社会可持续发展的这个角度,其伦理义务和法定义务应是统一的。

从理论发展来看,"环境权论"是20世纪70年代初,由美国学者萨克斯教授针对美国政府行为中存在的环境管理行政决定过程公众参与程度低、环境行政诉讼中存在的当事人资格等问题,根据私法财产的公共信托原理,从民主主义的立场提出来的。在他看来,大气和水这样的公共资源已经成为企业的垃圾场,企业主们并不会考虑这些不会创造利润的公共资源的消费价值。全体公民的公共利益的考虑也就无从谈起。但事实上,这些公共资源所产生的利益应当与私人财产的利益一样对待,应当具有保护的资格,其所有者具有强制执行的权利。而且,他还认为,在不妨害他人财产使用时使用自己的财产,不仅适用于现在以及所有者之间的纠纷,而且适用于诸如工厂所有者与对清洁大气的公共权利之间的纠纷"。[①] 在他的理论引导下,研究环境权能和环境法的国家日益增多,在前文论述的关于碳排放权属英美国家的财产属性或是大陆法系的用益物权或是准物权属性等都是这一研究的延续;并且,各国大都以部门法的形式来确定环境法各主体之间的权利和义务。不过,部门法是建立在具体的法律权利基础之上的。这具有一定的弊端。原因是,部门法在保护内容方面缺乏特定的法律权利与环境权构建关系,从而导致环境法保护权利的缺失,其所保护的对象权利仍然是传统

---

① 金瑞林.环境法学[M].北京:北京大学出版社,1990:194.

的人身权和财产权,[①]对于特定的环境权益保护并非都是适用的,比如如碳排放权这样的新型环境权益,以至针对国际社会所出现了新情况、新问题,无法得到传统法上的权利保护。因此,环境权的权利体系必须要有所突破,要超越国内特定部门法的范畴予以构建。即要以生态主义为中心和全球治理的哲学思维为指导,树立"生态利益优先"的思想。另外,在充分保护我们人类环境和身体健康的基础上,努力维持代际间利益的平衡和实现人类经济社会的可持续的发展,以达到保护人类的环境权和自然权利的全面统一。当然,如果以更高的理论标准表述,则我们既要在现实的世界中,使人类传统的基本法益符合于自然的生态利益,又要坚决建立全球的生态利益至上的法则,即使是国家的利益也应在一定条件下让位于全人类的更高利益。

第三节 小结

碳排放权的权利属性是碳交易的基准和核心。碳交易过程中所形成和所保障的制度体系、机制和具体措施都是以碳排放权为中心确立起来的。碳排放权是指碳排放主体经国际组织或是国家认可而确定的碳排放初始标准。放到碳交易的语境中,即它是国际碳交易买卖双方订立合同的"标的",是进行碳交易的客体,是碳减排交易权利和义务指向的对象。一般来说,它主要包括配额和信用两种类型。

碳排放权的权利属性依英美法系和大陆法系的不同而区分为英美财产属性和大陆法系的用益物权属性、准物权属性以及环境权属性。财产属性的碳排放权更注重它的市场特征,更多地强调以经济的方式、市场交换的方

① 汪劲.论现代西方环境权益理论中的若干新理念[DB/OL].法律教育网,http://www.chinalawedu.com/news/16900/177/2003/12/zh4576756341512130023699З_77901.htm,最后访问时间2011-07-03.

式来取得利益最大化、成本最小化。英美国家大都把碳排放权的客体对象作为无体财产来看待。用益物权属性的碳排放权强调的是碳排放权客体对象是依附在绝对权利客体所有权上的,是对碳排放特定客体的占有、使用和收益;准物权属性的碳排放权强调的是碳排放权客体对象的被行政许可,即权利来源的方面;环境权属性的碳排放权强调的是碳排放权客体对象的自然属性在国内部门法上的权利规定。

事实上,碳排放权的财产属性、用益物权属性、准物权属性以及环境权属性都是站在国内法的角度而加以确认的。但它的局限性也是较为明显的。特别是随着国际社会的发展,层出不穷的新型客体对象、新型权利类型出现以及两大法系在权利类型的特性趋同化,碳排放权属性的国内法认定在理论的阐释上、在碳交易的实践上初显不足。对于碳排放权属性的更为人性的理论解释,需要超越法系的或是国内法的基本理论和制度,而需要从国际法层面作出法律、伦理和道德的回应。碳排放权的自然法属性、人权法属性以及人类环境权益法属性就是当代人类控制温室气体,确保人类享有清洁空气权的一个正面的回应。碳排放权的国际法权利属性认定的更为深远的意义,在于国际环境的生态主义中心思想得到发扬,在于全球生态利益的充分保护,在于保障人类生存的基础——清洁空气权有了保护的最高标准。

第二章　国际碳交易的基本法律规范

国际碳交易的市场范围广阔，碳交易模式不断创新和新型化，碳交易涉及的主体众多，碳交易的对象客体——碳排放权在法律属性上的不确定性，决定了国际碳交易的法律规划具有独特性。无论是碳交易的种类规范、初始分配规范、主体规范、场所规范，还是碳交易过程中的程序性规范，无不因它的特殊规范而成为现代国际法领域中的一个容易产生较大争议的内容。特别是国际碳交易现行规则在法律效力上的“软法性”值得我们深入研究。

第一节　国际碳交易的法律调整

法律调整是根据一定社会生活的需要，运用一系列法律手段对社会关系施加的有结果的规范组织作用。从国内法上，它是指国家根据自己的价值取向，以法的形式对人的行为进行规范，对现实社会生活关系施加影响，以期建立理想的社会生活秩序的活动；从国际法上，它是指国际社会根据发展的需要，以国际法的形式对国际交往主体行为的规范，从而建立合理的国际交往秩序的活动。调整国际碳交易的法律大都是国际条约、区域条约、国际习惯规则。在一定特殊场合也不乏有某国的国内法律。但整体来说，碳交易的法律是国际性的。调整法律的范围从公法到私法,从实体规范到程序规范,从国际法到国内法,大都涉及。且在程序规范上,更多地考虑碳交易的实际情况,有围绕碳交易方便性的标准和简化,也有基于碳交易安全性的科学规范和循环交叉,充分表明国际社会对碳交易法律调整的强烈关注和积极努力,所取得的成效也是非常明显的。

一、公法与私法相结合

国际碳交易的行为体系包括国际交易主体的买卖行为、国际组织的监管行为及各国的行政行为,这就决定了国际碳交易兼具有国际公法和国际私法、国内公法的属性。与其他的国际贸易行为相比,首要在于国际碳交易的私法属性,在法律性质上是一种国际民商事行为,受国际商事合同的相关法律调整;其次,国际碳交易是在国际组织的充分调控和各国政府的广泛参与下的一种新型商品(排放权)买卖交易,离不开国际组织、各国政府的行为监管和指导。在国际层面,主要是基于约束碳交易主体和行为的公约和议定书所设定的管理机构,包括缔约方大会、根据缔约方会议决议成立的执行理事会,以及实施执行理事会职责的具体专家组或工作组的审定、监测、监管、指导、审批等;在国内层面,主要是基于碳交易主体参与方所在国的指定国家权力机构所实施的为保证交易目的行政指导、行政审批、监测监督等。

(一)碳交易的私法调整

国际碳交易是在《京都议定书》创设的三个灵活机制,即京都机制,包括联合履行机制(JI)、清洁发展机制(CDM)和排放贸易机制(ET)下的碳排放权或碳资产的一种交易。当然,也包括美国最早创设并在美国、欧洲一部分国家较普遍盛行的自愿碳交易。无论是《京都议定书》附件一国家之间基于碳投资项目的联合履行或基于碳排放余额间的排放贸易,还是附件一国家与非附件国家之间基于碳投资项目的清洁发展机制,首先无不都是碳交易主体之间平等对话、协商、谈判基础上的合同式交易，受到国际商事合同规则和国际碳交易示范合同条款的指引和调整。如减排量购买协议（Emission Reductions Purchase Agreement，ERPA），就是京都机制中 CDM 项目主体（一般是私人实体）基于项目开发、合作、交付 CERs、转移碳信用的最为核心的合同文件。

减排量购买协议通用模板，则因为服务对象和适用主体的不同，在国际上产生了存在差异的多种形式，如国际排放贸易协会（International Emissions Trading Association，IETA）2006 年发布的《减排量购买协议（第 3 版）》（Emissions Reduction Purchase Agreement，version 3.0）和《CDM 条款通则（第 1 版）》（Code of CDM Terms，version 1.0）；世界银行碳融资部门（World Bank Carbon Finance Unit）2006 年 2 月制定的《适用于 CERs 购买协议的通用条款（CDM 项目）》（General Conditions Applicable to Certified Emission Reductions Purchase Agreement Clean Development Mechanism Projects）以及《适用于 VERs 购买协议的通用条款（CDM 项目）》（General Conditions Applicable to Vrified Emission Reductions Purchase Agreement Clean Development Mechanism Projects）；一些清洁发展机制专家和国际律师 2007 年 4 月起草的并于 2009 年 9 月更新的《核证减排量买卖协议（第 2 版）》（Certified Emission Reductions Sale and Purchase Agreement，CERSPA）等。这些通用模板在设计上要么更多地考虑买方的利益，如世界银行和国际排放贸易协议的模板；要么更多地考虑卖方的利益，如 CERSPA。但从总体来说，在平衡买卖双方利益之上的主体之间，地位是平等的，交易过程中的权利义务也是平等的，从而充分地体现出碳交易的私法平等性，也表明采用碳交易合同调整碳交易本身的私法性。

（二）碳交易的公法调整

1. 国际公法调整。国际碳交易的法律基础首先为国际法，即《联合国气候变化框架公约》和《京都议定书》。所有的国际碳交易的法律规则构建都离不开带有原则性的《公约》和带有强制性的《议定书》这两个国际性的法律。因为,《联合国气候变化框架公约》缔约方大会(Conference of Parties, COP)与《京都议定书》缔约方会议(Meeting of Parties, MOP),是国际碳交易的最高决策权力机构,可以就国际碳交易的规则、相关参与者资格以及各种管理问题作出最终的决定。而在COP和MOP之下组建的各种执行理事会、专家组的工作职能、工作理念、工作方式也是基于国际法基本原则、国际法规则调整下的机制运行的结果。反而言之,在国际层面的碳交易并非仅仅是两个或多个平等交易主体之间的事情,它还受到来自国际组织、国际组织派出机构以及各个国家的监管,而这些国际组织所采用的规范手段则是国际法。因此,国际碳交易公法调整的特点亦是非常明显。

2. 国内公法调整。国际碳交易中,各项目主体方所在国一方面因参与国际组织及其机构的架设需要,一方面因国家主权的利益和对参与项目主体的监测、监管和指导需要,在各国内由项目参与方所在国来指定国家权力机构(Designated National Authority, DNA)负责对国际碳交易的管理。一般来说,它可以是某国的环境部门、气候部门或是其他协调权力部门。如我国在国务院下设定国家应对气候变化领导小组,[①]具体则由国家发展和改革委员会、环境保护部和外交部负责。对于国内法,在调整碳交易的法律设定上,首要考虑的应是对本国碳交易者的主体资格、交易准入条件等予以确定,并对相关的项目予以审批、出具证明文件、进行登记,从而达到对项目主体、参与方的监督和指导。这在一定程度上,对于国际碳交易的国内协调权力部门,必须采用行政的手段,对碳交易的项目主体及其行为进行有效约束,以

① 2007年6月,为切实加强对应对气候变化工作的领导,国务院决定成立国家应对气候变化领导小组,作为国家应对气候变化工作的议事协调机构。组长由国务院总理温家宝担任。具体成员有国家发展和改革委员会、外交部、科技部、工业和信息化部、财政部、国土资源部、环境保护部等19个权力部门。国家发展和改革委员会具体承担领导小组的日常工作。领导小组的主要任务是:研究制订国家应对气候变化的重大战略、方针和对策,统一部署应对气候变化工作,研究审议国际合作和谈判方案,协调解决应对气候变化工作中的重大问题;组织贯彻落实国务院有关节能减排工作的方针政策,统一部署节能减排工作,研究审议重大政策建议,协调解决工作中的重大问题。

保证本国项目主体参与国际碳交易不受到来自外方对本国国家主权的挑战。这种行为手段是典型的公法措施，国际碳交易的公法调整形式也就自然很明显。

二、实体规范与程序规范相结合

（一）实体规范调整

国际碳交易是基于碳排放权的配额或信用的交易，其主要内容则是围绕碳排放权交易双方的权利和义务展开。一般来说，碳交易买方的权利有：确定购买排放权的种类、使用期限、金额、付款方式、付款期限，请求转移碳排放权的当量指标，请求相关指定经营实体对项目的监督，对所购买的排放权的排他性使用权，等等；买方的义务有：按双方议定的交易价格支付价款；将所购买的排放权交易指标用于抵扣同种类的排放污染物的排放，到国际组织指定的经营实体处进行登记备案，到本国所在环境保护部门或其他的权力部门进行登记变更，申报备案；改进防治污染手段，采取有效措施防范环境污染，等等。对于碳交易的卖方，其权利应当有：协商确定转让碳排放权的期限、价格等条件，请求买方给付一定数额的金钱作为补偿的权利，要求买方对碳交易过程中所出现的有关碳交易的技术或其他经营信息进行保密；其义务应当有：通过合法的途径如技术改造达成节省碳排放权指标，尽己所能减少碳排放数量；依法转让本身节余的碳排放数量；且在转让期间自己不能使用相应的排放指标——这些项目主体的权利和义务的调整，从法律本身的性质来看，就是实体性的法律规范。没有这些实体规范的出现并发挥作用，国际碳交易的正常进行并保证碳交易项目主体的权利和义务的正确实施就成了无源之水，无土之木。另外，围绕碳交易进行的其他相关主体与项目主体之间的权利和义务规范同样也是实体调整规范，是为了确保相应主体与项目主体之间的权利和义务的整体实现。

（二）程序规范调整

作为国际碳配额的一种交易方式或碳信用的交易措施，碳交易从开始准备到实施，并且最终达成碳交易双方皆为满意的结果，是需要经历较多阶段和环节的。而且每一个阶段和环节在碳交易的实施过程中都有着相关国际法律的规定，且都是必不可少的。在《京都议定书》的第 6 条、第 12 条和第 17 条所分别规定的“联合履行”、“清洁发展机制”、“碳排放贸易”都是有着相对应的交易主体要求和交易机制运行要求。从而，具体的碳交易规则也就规定了不同的主体参与碳交易过程中的不同的程序实施步骤。例如，根据 2001 年的《马拉喀什协定》，一个清洁发展机制项目（CDM），其必须经历如下一些主要阶段：项目识别；签署减排量购买协议和其他合同；项目设计；获得参与国的批准；项目审定；项目注册；项目实施、监测和报告；减排量的核查和核证；CERs 的签发等。这些相互连贯的有逻辑的项目运行步骤，在国际公约或协定的制定和实施上，都是充分考虑了的。对于 CDM 项目主体来说，这些必经的程序是环环相扣的，是他们必须参与并符合相对应条件而后才能实现整体项目目的的一个完整过程。因此，调整这个项目运行过程的有关国际公约、议定书、协定，甚至有些国家的国内法有关碳交易的规范，必然就会依碳交易实施规律设定相应的程序规范，从而对碳交易的全过程实施程序法上的调整措施。

而且，在碳交易的程序规范上，不但体现出国际法律的规范性，而且还体现出一定的循环性和交叉性。循环性和交叉性主要是基于信用的项目投资性碳交易表现出的特点。对于投资性碳交易项目，不仅仅是碳交易双方主体的事情，还涉及国家监管权力部门、国际监管组织、独立经营实体等其他主体，需要碳交易当事人向各自国家和国际组织申请报告、请求审批和核准；而在获得立项以后，还需相应的国家或国际主体和组织来进行监测和核定。这样，尽管项目申请和实施与项目的核定存在的功能和作用不同，但在有关项目实施的程序规范上却反映出循环和交叉的特点。

三、国际法与国内法的双重监管——以 CDM 为例

不管是哪种交易模式,国际碳交易在管理制度上的最大特点就是其国际与国内的双重管理体制。即在国际层面的公约、议定书、协定框架下的缔约方大会、执行理事会、专家组和在国内层面的基于国际义务实施或国际合作实施的国内权力部门相结合的监管体制。这种“双层制”,使得相对应的法律调整也是国际法与国内法律共同作用的运行机制。下面以 CDM 为例展开,论述碳交易的特殊调整方式。

(一)CDM 的国际管理体制及其国际法调整机制

作为《京都议定书》三机制之一的 CDM,在运作管理以及执行机构的制度框架上表现出四个层次:一是最高决策机构,为公约和议定书的缔约方大会(COP/MOP);二是国际管理机构,即缔约方大会的执行理事会(EB)和接受理事会监督的经营实体(DOE);[①]三是国内管理机构,即参与 CDM 项目的国家缔约方政府;四是执行机构,有公有实体和私有实体两类。前两个层次属于国际管理方面,适用国际法;后两个层次属于国内管理方面,在适用国际公约和议定书所确定的法律和机制外,还应适用国内关于 CDM 项目的调整法律。

1. 公约和议定书的缔约方大会。CDM 是置于(COP/MOP)的权力和指导之下的。针对 CDM 的管理体制,COP/MOP 具有以下职能:制定 CDM 项目活动的模式、规则与程序;确定附件 I 缔约方减排承诺中的多少百分比可以由 CDM 项目活动获得的 CERs 来实现;指定独立的经营实体对 CDM 项目活动进行独立审计、核实和证明;确定由 CDM 项目活动获得的 CERs 和由 JI

---

① DOE 由 COP/MOP 指定。截至 2011 年 7 月 15 日 CDM 执行理事会第 62 次马拉喀会会议,共有 38 个 DOE 拥有审定和核证资格。参见国家发展改革委应对气候变化司. CDM 执行理事会第 62 次会议情况简报[DB/OL]。中国清洁发展机制网,http://cdm. ccchina. gov. cn/web/index. asp,最后访问日 2011 - 08 - 20。

获得的 ERUs 以及由 ET 获得的 AAUs 间的关系等。但就 COP/MOP 的运行机制来讲,则是 COP/MOP 的决策过程。按照《公约》和《议定书》规定的相关程序,除非缔约方另有规定,COP/MOP 每年必须要举行一次缔约方大会,且两会同时召开。

2. 执行理事会。EB 负责监管 CDM 的实施,并对 COP 负责。执行理事会由 10 个专家组成,其中 5 个专家组分别代表 5 个联合国官方区域(亚洲、非洲、拉丁美洲、中东欧、加勒比海地区、OECD 国家),1 个专家来自小岛国组织,2 个专家来自附件 I 国家,2 个专家来自非附件 I 国家。2001 年 11 月,执行理事会在马拉喀什政治谈判期间召开了首次会议,正式启动了 CDM 机制。EB 具有对 CDM 项目活动进行监督、执行 COP/MOP 通过的有关 CDM 的决定与政策、对指定的经营实体进行监督、对 CDM 实施过程中的问题及改进意见向 COP/MOP 提出建议、接受缔约方和公众关于 CDM 项目的投诉等职能。

3. 经营实体。按照公约和议定书的缔约方大会的权限和程序,经营实体由 COP/MOP 指定,并通过执行理事会对缔约方大会负责。其主要职能是:(1)以项目设计文件为依据,对所建议的 CDM 项目进行审定(validation);(2)出具审定报告,并提交给执行理事会,申请对 CDM 项目进行注册登记;(3)以项目的监测计划等为基础,核查项目的温室气体减排量(verification);(4)在核查的基础上,出具核证报告(certification),提交给执行理事会,申请签发 CERs。根据规定,一个经营实体在同一个 CDM 项目中只能承担审定以及核查和核证两项职责中的一个,但对于小型 CDM 项目可例外。当然,在获得执行理事会批准的情况下,同一个指定经营实体可同时承担两项职责。

(二)CDM 的国内管理体制及其国内法调整机制

1. 缔约方政府。缔约方政府一般通过向 COP/MOP 备案而确定某个或多个权力部门与 EB 和 COP/MOP 对接而展开相关的国内管理工作。其管理体制和机制同样也是通过其相关的职能行使体现出来。在 CDM 运行机制过程中,缔约方政府具有对 CDM 项目进行审批、签订实施 CDM 项目活动的双边协议、保证 CDM 项目符合国家的可持续发展目标和优先领域、设立专门的管理机构负责对 CDM 项目的申请的登记和审批、对 CDM 项目的实施负全部责任,包括不遵守(noncompliance)的责任、通过 EB 向 COP/MOP 报告 CDM 项目活动以及项目产生的经证明的减排量等职能。

2. 参与 CDM 项目的公有和私有实体。在 CDM 项目运作中,最直接的主体,就是公有和私有实体。从其职责来讲,公有和私有实体应在本国政府权力管理部门的监督下,实施 CDM 项目活动,保证 CDM 项目活动产生的减排量是实际的、可测量的、长期的和额外的。[①]

第二节 国际碳交易法律规范的典型特征

任何一种法律规范的创设,都是基于现实法律调整的需要。国际碳交易形成的时间不长,调整碳交易的法律规范创设时间也较短。可由于碳交易调整法律既涉及国际公法,又涉及国际私法,融公法与私法、实体法与程序法于一体,因而国际碳交易的法律规范具有“渊源的宽泛性”、“种类的多样性”和“内容的综合性”等几个典型特征。

一、国际碳交易法律规范渊源的宽泛性

由于国际碳交易调整的法律规范在实施过程中具有很强的技术性和规范性,国际碳交易调整的法律规范从国际公约、区域性公约或法律机制到国内法律,从国际行政性的技术性操作规范到国内行政规范都将涉及,范围相

① 朱家贤. 环境金融法研究[M]. 北京;法律出版社,2009:109 - 112.

当广泛。

(一)国际公约

国际碳交易尽管是新兴的一种碳金融产品的交易,但从国际法角度,这一切并非是没有法律基础的。事实上,它具有深厚的国际法理论基础。它与国际法"同根生",又具有国际环境法的特殊品质。同时,它在具体的国际法律渊源上,也呈现出多元发展。从源头上讲,它正是人类维护自身生存环境的正义追求。

1945 年,《联合国宪章》成为全世界维护正义的"宪法"。其第一条"促成国际合作,以解决国际间属于经济、社会、文化及人道主义性质之国际问题,且不分种族、性别、语言或宗教,增进并激励对全体人类之人权及基本自由之尊重"成为国际法律文件中正式确立的国际法基本原则——"国际合作原则"。这条原则并且在《国际法原则宣言》中得到了明确规定。从而开启了世界人民在涉及全体人类共同利益问题上的共同合作之门。

大气资源是世界的公共资源,生活在大气中的每个个体都享有相同的环境权益,具有公共属性。但由于各国的发展经济不平衡,在使用这种公共资源时出现了诸多不平衡。为解决这一问题,国际气候合作成为协调各国在气候领域内权益冲突的共同选择。随着 1972 年世界环境与发展委员会在向联合国提交的报告《我们共同的未来》首次提出"可持续发展"概念后,"可持续发展原则作为一项基本的国际法原则"在 1992 年《里约环境与发展宣言》与《21 世纪议程》等重要文件中得到明确确认,从而使得"气候环境的可持续"成为人类必须正视的核心问题之一。即人类的可持续,必须加强在国际气候领域的可持续和合作——这是世界各国履约国际义务和职责的基本要求。但与此同时,基于不同的理论基础,发达国家与发展中国家在分担责任上发生了严重分歧。于是,《里约环境与发展宣言》确立了"共同但有区别的责任原则"。从而在人类的共同利益上和各国的具体利益上找到了相对的划分线。

遵循以上针对国际气候变化而确立国际法基本原则的路径,我们可以看出,国际合作原则、可持续发展原则、共同但有区别的责任原则正是今天国际法调整国际碳交易的最为基本的原则。且以这些基本原则为规制碳交易的国际法基础,从 1992 年《联合国气候变化框架公约》创设和制定以来,衍生出了大量的直接的规制国际碳交易的国际法依据。

1.《联合国气候变化框架公约》。依据1990 年第45 届联大第45/212 号决议决定成立的气候变化框架公约谈判委员会经过两年的谈判,最终就公约条文达成一致,并于 1992 年 6 月 4 日获得通过,于 1994 年 3 月 21 日生效。该《公约》是人类社会第一个为全面控制二氧化碳等温室气体排放,以应对气候变暖给人类经济和社会带来不利影响的国际公约。它更是国际社会在对付全球气候变化问题上进行国际合作的一个基本法律框架。它标志着以国际法调整气候变化问题的一个新的历史进程。截至目前为止,已经有 195 个国家批准了该公约。[①] 我国于 1992 年 6 月 11 日签署了该公约,并于 1993 年 1 月 5 日批准了该公约。

该《公约》由序言及 26 条正文组成。公约规定了目的、目标、基本原则、承诺、研究和系统观测、教育、培训和公众意识、缔约方会议、秘书处等内容。其中,公约规定了用于指导缔约方履约的五项原则:共同但有区别的责任原则[②]、发展中国家特别情况原则[③]、预防原则[④]、可持续发展原则[⑤]和开放经济

---

① Background on the UNFCCC: The international response to climate change. United Nations Framework Convention on Climate Change, http://unfccc.int/essential_background/items/6031.php, 最后访问日 2011-08-24。

② See UNFCCC Article 3(1) "common but differentiated responsibilities".

③ See UNFCCC Article 3(2) "requiring full consideration of the specific needs and special circumstances of developing countries and countries most vulnerable to the impacts of climate change".

④ See UNFCCC Article 3(3) "the precautionary principle calling for measures not to be postponed on the basis of scientific uncertainty".

⑤ See UNFCCC Article 3(4) "the principle of sustainable development".

体系原则;[①]规定了所有缔约方的义务,[②]包括:提供所有温室气体各种排放源和吸收汇的国家清单;制定、执行和公布国家应对气候变化计划和减缓以及适应气候变化的措施;增强温室气体的吸收汇;促进有温室气体和应对气候变化的信息交换等;规定了资金与技术机制,即作为发达国家的缔约方,应当采取措施加强限制温室气体排放,并向发展中国家提供新的额外资金以支持发展中国家为履行《公约》所需费用,并采取一切可行的措施促进和方便有关技术转让的进行。

2.《联合国气候变化框架公约》缔约方会议及其成果。从 1995 年《联合国气候变化框架公约》第 1 次缔约方会议开始,至今共召开了 16 次会议。[③]经过曼谷、波恩、巴拿马 3 次预备会议的艰难谈判,第 17 次缔约方会议也于 2011 年 11 月 28 至 12 月 9 日在南非的德班举行。在之前的 16 次会议中,要数成果最为丰富、最为有力的还是第 1、第 4、第 7 和第 13 次会议。(1)《京都议定书》。《联合国气候变化框架公约》第 3 次缔约方大会于 1997 年 12 月 11 日在日本京都召开。此次缔约方大会,149 个国家和地区的代表通过了《京都议定书》,并于 2005 年 2 月 16 日生效。议定书的内容包括 28 条和两个附件,主要涉及发达国家规定具有约束力的减排目标和时间表、灵活机制、实施审查和程序性问题等。目前在国际上普遍施用的联合履行机制、清洁发展机制和排放贸易机制就是在议定书第 6 条、第 12 条和第 17 条创设的灵活地处理碳交易的法律机制。它代表着“经济和环境法律政策全球化的

---

① See UNFCCC Article 3(5) “cooperation to promote a supportive and open international economic system”.

② See UNFCCC Article 4(1).

③ 自 1995 年第一次德国柏林会议后,《联合国气候变化框架公约》缔约方会议相继分别在日内瓦、京都、布宜诺斯艾利斯、波恩、海牙、马拉喀什、新德里、米兰、布宜诺斯艾利斯、蒙特利尔市、内罗毕、内罗毕、波兹南、哥本哈根、坎昆等地举行。参见百科名片.联合国气候变化框架公约[DB/OL].百度百科,http://baike.baidu.com/view/89815.htm,最后访问日 2011-08-25。

发展倾向”,[1]架构了气候变化国际法的基本结构。(2)《布宜诺斯艾利斯行动计划》。1998年,第4次缔约方会议在阿根廷首都布宜诺斯艾利斯召开。尽管最初发达国家希望并强烈坚持将发展中国家“自愿减排承诺”列入议程,但遭到发展中国家普遍的坚决反对,经过多论艰难的讨论和谈判后,最终通过了包括《布宜诺斯艾利斯行动计划》和《审评资金机制》等在内的19项决定。(3)《马拉喀什协定》。该协定是缔约方第7次会议的成果,是对第6次会议成果《波恩协议》的完善。该成果最为重要的是对CDM的具体操作细则进行了解释,为CDM实施奠定了国际法律规则的基础。其内容包括决定、附件和附录等。其中,决定详细说明了实施CDM所应遵循的方式和技术程序,并表明了大会对一些关键问题的态度。附件则涉及CDM的具体实施规则,主要内容包括定义、明确作为议定书缔约方的职责和作用、执行理事会、认证和指定经营实体、指定经营实体、参与要求、审定和登记、监测、核查和核证以及核证的减排量的发放。[2] 附录则包括附录A、附录B、附录C和附录D四个部分,涉及对经营实体的解释、基准线指南和监测、登记册要求、透明和有效的数据交换等内容。(4)“巴厘岛路线图”。这是2007年在印度尼西亚巴厘岛举行的第13次缔约方会议产生的成果。该成果启动了加强《公约》和《京都议定书》全面实施的谈判进程,为“后京都时代”全球应对气候变化新安排的谈判并签署有关协议作了充分准备。

(二)区域性公约和法律机制

目前,就碳排放交易的区域性公约来讲,要数欧盟的碳排放交易体系(EU ETS)下的欧盟法令、指令、相关法律规则或机制,即为欧盟碳交易排放的制度统称。欧盟碳排放交易制度又称欧盟温室气体排放许可交易制度,是一种典型的市场模式下的交易制度,也是世界上第一个国际性的排放交

① Michael Grubbatel, The Kyoto Protocol – A Guide and Assessment [M]. Royal Institute of International Affairs and Earth scan Publication Ltd., 1999, p. 33.

② Marrakesh Accords – Decision 17/CP. 7 Annex, Article 1 –66.

易体系制度。该交易体系制度是典型的为实施“总量控制和排放交易(cap - and - trade)”而创设的各种法令、指定等的制度。

从时间表上看,欧盟排放交易机制是依据2003年7月欧盟与国际环境委员会互通情报的《欧盟温室气体交易指令》建立的,[①]并于2003年10月开始适用。具体而言,2003年7月,欧洲议会通过投票达成协议,通过了上述指令。并且在该指令下,欧洲议会和欧洲理事会通过指令,为欧盟的温室气体排放建立了排放许可的交易制度。

欧盟将其区域内的碳排放交易划分了三个阶段,即第一阶段从2005年至2007年,仅仅涉及少数对排放有重大影响的经济部门,如有色金属行业、能源行业、建材行业等所产生的二氧化碳的排放;第二阶段从2008年到2012年,逐步扩大到工业部门的各企业;第三个阶段从2013年到2020年,将在各国企业间实施“责任共担”政策。[②] 此类制度在适用的对象上,鉴于前两个阶段的模索道路,欧盟排放交易制度通常只适用于二氧化碳的排放。但不排除在欧盟委员会的批准下,成员国单方面将排放交易制度扩大到其他温室气体种类和其他部门。但从2013年开始,欧盟排放交易制度将适用于所有六种国际上界定的碳排放类别。

就欧盟碳排放交易制度中的各类指令、法定以及规则或机制的立法而言,第一项规划是《关于积极的能源效率的特别行动规划》;第二项规划是“促进可再生能源发展规划”;第三项规划是1997年通过的《未来的能源:再生能源》白皮书;第四项规划是《关于锅炉能源效率的92/42指令》;第五项规划是2001年9月通过的《关于促进可再生能源电力发展法令》。该法令是欧盟促进可再生能源发展战略的重要组成部分,也是欧盟为履行《京都议

---

① See Christopher Carr; Flavia Rosembuj, Flexible Mechanisms for Climate Change Compliance: Emisson Offset Purchases under the Clean Development Mechanism[J]. New York University Environmental Law JJournal, Vol. 16, No. 1, 2008, p. 52.

② 之茁. 欧盟排放交易体系未来政策[DB/OL]. 中国财经报网, http://roll. sohu. com/20110927/n320658781. shtml,最后访问日2011 -08 -26。

定书》的承诺所迈出的重要一步;[①]第六项规划是从2012年起,将所有在欧盟机场起飞或降落的国内和国际航班的排放纳入EUETS。欧盟将航空纳入EUETS的举动,引起中国和美国等国的反对。[②] 欧盟所构建的碳排放交易法律规则,对于确保欧盟境内的碳交易市场甚至国际碳交易市场的持续稳定发展和减排目标顺利达成至关重要。欧盟排放交易体系作为全球最大的温室气体排放交易市场,正在与其成员国共同制定一系列的未来区域性公约、规则或机制,以最终达成欧盟中长期减排目标。

(三)各国法律

1. 美国。由于2001年小布什政府退出《京都议定书》,美国的碳排放交易而不在京都议定书模式下的市场体系中。尽管如此,美国的非京都议定书模式下的碳交易市场却发展得较为规范。[③] 原因是,美国针对碳排放交易建立了相对健全的法律规范体系。

早期美国创设的控制污染法案中,直接涉及排放权交易的法案可追溯到《1963年清洁空气法》及其修正案(1990年)。该法案为了达到有效防止酸雨的目的,鼓励企业参与市场买卖二氧化硫排放权,从而建立了美国现行的二氧化硫排放权交易制度。但该法案并未将二氧化碳归入污染物范围。近年来,美国在国际国内各方面因素促成下,也开始不断关注气候变化,并针对二氧化碳排放增多加强议会立法。仅2007年就有七项涉及气候变化的法案被提交到国会,[④]比较有名的两项议案是Bingman - Specter法案和

① 杨兴.《气候变化框架公约》研究——兼论气候变化问题与国际法[D].武汉.武汉大学,2005.232-238。

② 之茁.欧盟排放交易体系未来政策[DB/OL].中国财经报网,http://roll.sohu.com/20110927/n320658781.shtml,最后访问日2011-08-26。

③ 非京都议定书下的市场模式是非国家强制性的自愿减排模式。在美国,只有州和地区级的区域性碳排放权交易体系,目前这类交易体系主要有:西部气候倡议(WCI)、区域性温室气体倡议(RGGI)、气候储备行动(CAR)、中西部温室气候减排协定以及芝加哥气候交易所(CCX)。

④ 这些立法提案具体是:《美国气候安全法案》、《安全气候法案》、《低碳经济法案》、《气候责任法》、《减缓全球变暖法案》、《气候责任和创新法案》、《全球变暖污染控制法案》等.邓梁春.美国气候变化相关立法进展及其对中国的启示[J].世界环境,2008,(2):82-85。

Lieberman – Warner 法案。当然，由于国会反对议员担心实施碳减排会损害美国经济和企业的对外竞争力，该两项议案未获通过。

在美国，最为重要的立法，要数 2009 年 6 月在奥巴马总统的推动下，美国众议院表决通过的《2009 年美国清洁能源与安全法案》（即《瓦克斯曼 – 马凯气候变化议案》Waxman – Markey Bill）。这是气候变化立法首次在美国国会全院大会获得通过。虽最终美国参议院并没有通过该法案，使得奥巴马所积极倡导的全国性气候变化和排放权交易立法受到了极大地阻碍。但即使到今天，美国参议院的有些议员仍在为美国的气候立法努力，如参议员克里与李伯曼联合提出了《2010 年美国能源法案（讨论草案）》作为新的立法版本提交到参议院表决，使得本届美国国会的气候立法又超前迈进了一步。

即便如此，美国在强制性立法方面，取得了两项实质性的进展：一个是通过 2007 年 4 月 2 日联邦最高法院关于“马萨诸塞州诉美国环保署”的经典判例，①美国环保署正式取得了对二氧化碳排放进行规制的立法授权。该规则已于 2010 年 1 月 1 日开始生效。而且，事实上，该立法授权模式对美国的气候立法和碳排放交易规制的创设产生了极其重要的现实作用；②另一个是美国大多数州的立法进程取得了丰硕成果。如 2012 年，加利福尼州通过的“加利福尼亚气候变暖解决法案（第 32 号法案）”将开始执行；③而且，该州空气资源委员会还于 2011 年 10 月 20 日一致通过了《碳总量限制和交易

---

① 在该判例中，美国最高法院裁决：根据《清洁空气法》，机动车辆所排放的 4 种温室气体为污染物。See Robert N. Stavins . A Meaningful U. S. Cap – and – trade System to address climate change. Harvard Environmental Law Review. 2008，32 Harv. Envtl. L. Rev. 295 – 298.

② 2009 年 12 月 7 日，美国环境保护署进一步裁定把二氧化碳列为污染物，将过去不被认为是污染物的温室气体纳入《清净空气法案》管制，这使美国政府即便在参议院无法通过《瓦克斯曼 – 马凯气候变化议案》时，仍旧有法源限制温室气体排放。

③ 该法案要求到 2020 年，加利福尼亚的碳排放量降到 1990 年的水平，2050 年降到 1990 年的 80% 水平。主要从工业中限制温室气体排放，并对不履行者进行处罚。胡荣，徐岭. 浅析美国碳排放权制度及其交易体系[J]. 内蒙古大学学报，2010，(3)：17 – 21.

法规》(cap - and - trade program),这是美国第一个通过碳总量限制和交易法规的州。该法规将从2013年开始执行。它除了明确规定"第32号法案"的排放限值外,还规定允许加州企业通过拍卖或碳交易市场购买或出售碳配额,并对碳补偿也做了详细规定。①

2. 英国。英国是世界上较早采取措施应对气候变化的国家之一。在碳排放交易的规制方面,一直在通过立法、税收等各种方式积极应对,也创造了不少世界第一,如英国政府从2001年开始征收气候税,在全球率先推出这一税种;于2003年2月24日首先在全球发布了一份主题为《未来能源——创建低碳经济》的能源白皮书。该白皮书不但确定了英国未来五十年的能源发展和气候变化政策的基本动向,还肯定了英国在应对气候变化问题中所形成的一系列政策框架;于2007年3月13日公布了《气候变化法案》(草案),并于2008年率先颁布和实施了世界上第一部《气候变化法》。该法案确立了温室气体减排的中远期目标,规定了碳预算每五年计划,设立气候变化委员会,建立国内碳排放交易体系等,为其他国家制定本国气候变化法起到了示范作用。2009年7月15日,英国政府公布了《低碳转型发展规划》白皮书(以下简称《规划》)。该《规划》是英国在应对全球变暖方面出台的又一重要举措。它也是全球将二氧化碳量化减排指标进行预算式控制和管理,确定"碳预算"指标的首创。②

3. 日本。日本是全球首个制定《全球气候变暖对策推进法》的国家。并以此为基础,日本全面推进相关气候立法,并逐步形成该国的碳排放交易法律依据。(1)1999年,日本制定了《全球气候变暖对策推进法实施细则》,就温室效应气体总排出量相关的温室效应气体的排出量算定方法、温室效应

① 陈丹. 加州通过碳市场交易法规[DB/OL]. 人民网, http://env.people.com.cn/GB/16031374.html, 最后访问日 2011 - 08 - 27。

② 环境保护部环境保护对外合作中心. 英国经济力争向低碳转型[DB/OL]. 中国环境网, http://www.cenews.com.cn/xwzx/hq/qt/200908/t20090818_621038.html, 最后访问日 2011 - 08 - 27。

气体算定排出量的报告、分配数量账户簿等实施作出了具体规定;(2)2009年,日本公布了《2010年度税制改革要求,征收全球气候变暖对策税的具体法案》,将对原油、石油产品等能源产品征收碳税。尽管这一税策在2009年年底被废止,但鉴于2011年的福岛第一核电站事故及重建日本经济的要求,日本再次将"开征全球气候变暖对策税"提上日程;(3)制定《全球气候变暖对策基本法案》。日本是京都议定书下的碳排放交易缔约国,但其在完成《京都议定书》设定的基本义务方面并不理想。为此,日本分别确立了到2020年和到2050年将日本的温室气体排放量减少到1990年时25%和80%的水平,并着手制定《全球气候变暖对策基本法案》,还于2010年1月15日以书面形式向《联合国气候变化框架公约》秘书处提交了该国的这一目标。2010年5月18日,日本众议院举行全体会议,以执政党多数赞成通过了《气候变暖对策基本法案》。

4.德国。德国既是京都议定书下的碳排放交易缔约国,又是欧盟指令下的碳排放交易缔约国。按照《京都议定书》的缔约义务,德国的碳排放量为降低21%,涉及交通、工业、商业、服务业和居民住户等方面,年排放总额为9.736亿吨CO_2;为全面配合实施《京都议定书》的各项义务,2003年10月13日欧盟发布了《欧盟排放交易指令》,同样为欧盟成员国的德国设定了CO_2排放交易配额。为此,德国于2004年7月8日正式颁布了《温室气体排放交易法》,并于2005年正式实施排放权制度。[①] 同时,德国还制定了《排放分配条例》、《基于项目机制的德国条例》等与碳排放交易相关的法律、法规。

二、国际碳交易法律规范种类的多样性

调整规范的多样性是从目前国际碳交易的现实交易状况相对应的一种

① 陈炳才,郑慧,陈安国.德国的碳排放交易制度[DB/OL].搜狐财经,http://business.sohu.com/20110121/n279003517.shtml,最后访问日2011-08-27。

分析。它涉及国际碳交易最初由国际社会、国际组织、各国家设定的种类性规范、初始分配规范、场所规范、主体规范以及交易过程中信息披露规范、合同规范等。

（一）国际碳交易的种类规范

纵观目前国际上碳交易的事实，依据不同的划分标准，碳交易的种类规范是与碳交易的类别化——属总量控制模式还是基准线模式相关的。而且，这种分类方法也决定了在相应种类规范下的碳交易平台设计、市场细分、交易主体权利和义务等规范。

1. 总量控制与交易规范。实施总量控制是以初始分配为前提的，有两种基本方式，一种是通过强制手段，要求排污单位必须根据初始分配获得的排污权排放二氧化碳等污染物；一种是通过市场手段，允许以初始分配获得排污权的单位在确保环境质量目标的前提下，以市场交易的方式重新配置二氧化碳等环境容量资源。[1] 本书所讲的总量控制，是指碳排放的总量控制；本书所讲的总量控制与交易是指上述的第二种实施总量控制的方式。

总量控制与交易规范是国际组织、各国在制定相关的碳交易条约、协定、法律或法规时，对该条约、协定、法律或法规所限定地域或空间范围内的总量控制与交易进行明确规定的条款。此类条款，在国际组织的条约或协定中，表现在总体或分行业的目标设定上，如《欧洲议会和欧盟理事会指令》(2003/87/EC)第1章第1条“本指令的目的，通过共同体内容设定一个温室气体排放配额交易体系，从而帮助成员国以成本有效和经济有效的方式实现温室气体减排”、第3条(d)项“‘温室气体排放许可’指按第5条和第6条签发的许可”、第2章第3条(a)“范围”和第3条(e)“向飞机经营者分配和签发配额”、第3章第4条“温室气体排放许可——成员国保证，从2005年1月1日开始，除非经营者持有从权力机构按照第5条和第6条签发的许可或

① 马中，Dan Dudek，吴健等. 论总量控制与排污权交易[J]. 中国环境科学，2002，22(1)：89－92.

相应设施按照第27条未被囊括入共同体体系，否则不得排放任何源于设施运行附件一所列活动所产生的温室气体，此条应同时应用于第24条下所选择的设施”等关于欧洲区域范围内的总体限排和飞机或其他设施限排目标的规定条款。[①] 当然，此类模式和条款，更多地为各国环保部门制定的以排放总量为前提，以限定各污染源可以控制和交易的明确的排放量的法律或法规条款，也体现在有关国家内部的区域性限制温室气体排放行动规则上，如美国东北部的10个州签署了区域强制性的温室气体协议（RGGI），在该十个州的电力部门共同实行总量排放限制。2008年12月31日，加入RGGI的各州共同发布了法律规则范例的最新版本，其核心是放在对电厂碳排放物的控制，并计划将其扩展到其他部门。[②] 这种总量控制与交易的强制性保证最为关键的是，加入RGGI的各州完成了各自的碳预算交易计划的立法，确保碳交易指标的最终完成。

2. 基准线与信用交易规范。基准线与信用交易模式最早在美国环保局提出的州内大气层排放交易计划中所采用。这一模式的前提是环保部门所规定的污染排放基准。当一个污染源的实际排放水平低于环保部门规定的这一基准，并且产生永久性的排放削减时，它就可以向环保部门申请获得“排放削减信用”。在获得环保部门的审批后，该“排放削减信用”就可在市场上进行交易。[③]

基准线与信用交易模式不涉及总量控制的核算，以单一的设定基准为标准，实施相应的减排计划。但潜在的前提事实是，无论是国际组织还是各国要实施该模式，必须找到对应的基准线，并明确此是法定的强制的基准，如《京都议定书》选择的是1990年碳排放总量为基准。这必将是谈判和博弈的结果。正是如此，在联合国气候变化框架下的京都机制和一部分的自愿减

---

① 焦小平等. 欧盟排放交易体系规则[M]. 北京：中国财政经济出版社，2010：2－15.

② 王毅刚. 中国碳排放权交易体系设计研究[M]. 北京：经济管理出版社，2011：48－49.

③ 朱家贤. 环境金融法研究[M]. 北京：法律出版社，2009：79.

排交易所机制采用了该模式。如澳大利亚的新南威尔士温室气体减少计划（GGAS）和芝加哥气候交易所的配额交易（CCX），就是基准减排交易模式。

（二）国际碳交易的初始分配规范

国际上的碳交易是从碳排放权的初始分配开始的。碳排放权的初始分配显示的是国际组织、各国在碳排放资源容量上的争夺和博弈后的结果，反映的应当是公平的选择。因为，国际社会范围内总量控制和交易模式下的初始分配，是国际公共资源理念下的权力资源分配，是各国在国际组织框架下协商的结果；国内总量控制与交易模式，是由政府部门进行管理的权力资源分配，是管理该项事务的政府部门在进行充分调研基础上的科学分配；对于基准线与信用交易模式的初始分配，尽管有一定偶然性，但也不失科学的依据，至少在合约方之间，这是为各方同意的“基准”，如 CCX 以 1998 ~ 2001 年的温室气体排放量为基线，再采取 2 个阶段的逐年计划减量策略就是如此。

初始分配的碳排放权在国际组织、各国的设定上无疑都是法定的。对各缔约方、对各国所负有减排义务的行业或企业来讲，这一法定的初始分配就是他们采取各种措施，特别是交易措施所力促的目标。如《京都议定书》所设定的“附件一所列缔约方应个别地或共同地确保附件 A 所列温室气体的其人为二氧化碳当量排放总量不超过按照附件 B 中所记其排放量限制和削减承诺和根据本条的规定所计算的其分配数量，即其全部排放量在 2008 年至 2012 年承诺期间削减到 1990 年水平之下 5.2%”①和《欧洲议会和欧盟理事会指令》（2003/87/EC）所设定的“配额分配数量应参照成员国遵循欧盟委员会关于成员国国家分配方案决议在 2008 年到 2012 年间年均配额签发总量的 1.74% 的要求按照线性比例递减”②初始分配标准。对于一些自愿性的减排交易所在各交易主体之间所设定的初始碳交易量，在各合约方之间也是有相应规范所制约的。各交易主体依各自承诺遵守相应规范。

---

① 参见《京都议定书》第 3 条第 1 款。

② 参见《欧洲议会和欧盟理事会指令》第 3 章第 9 条。

在设定总量配额分配目标后，针对具体的国家或企业初始分配，可分为非市场机制和市场机制两大类。非市场机制的初始分配包括无偿分配（如依历史排放水平）和随机分配；市场机制的初始分配有公开拍卖、租赁。如《京都议定书》第3条第2款规定的“附件一所列缔约方应到2005年时在履行依本议定书规定的其承诺中作出可予证实的进展”，[①]就是非市场机制的无偿分配方式；《欧洲议会和欧盟理事会指令》(2003/87/EC)中既包括无偿分配方式，也有公开竞价拍卖方式。即该指令在第10条a中确立了“协调免费配额分配的共同体内过渡规则”——“至2010年12月31日，欧盟委员会应按照本条第4段、第5段、第7段和第12段的要求，在共同体内采取经协调的配额分配执行措施，包括一切能保证第19段内容得到适当应用的条款。……任何发电活动不得获得免费配额，但第10条c款所述情况和废气发电除外”，并且规定2013年的免费分配配额为第一阶段的80%，2020年只有30%的配额以免费的方式分配，2027年不再有免费配额分配；[②]同时，

① 附件一所列缔约方的配额分配比例详情参见《京都议定书》附件B。

② See DIRECTIVE 2003/87/EC OF THE EUROPEAN PARLIAMENT AND OF THE COUNCIL: Article 10a(4): Free allocation shall be given to district heating as well as to high efficiency cogeneration, as defined by Directive 2004/8/EC, for economically justifiable demand, in respect of the production of heating or cooling. In each year subsequent to 2013, the total allocation to such installations in respect of the production of that heat shall be adjusted by the linear factor referred to in Article 9. Article 10a(5): The maximum annual amount of allowances that is the basis for calculating allocations to installations which are not covered by paragraph 3 and are not new entrants shall not exceed the sum of: (a) the annual Community - wide total quantity, as determined pursuant to Article 9, multiplied by the share of emissions from installations not covered by paragraph 3 in the total average verified emissions, in the period from 2005 to 2007, from installations covered by the Community scheme in the period from 2008 to 2012; and (b) the total average annual verified emissions from installations in the period from 2005 to 2007 which are only included in the Community scheme from 2013 onwards and are not covered by paragraph 3, adjusted by the linear factor, as referred to in Article 9. Article 10a(7): Five percent of the Community - wide quantity of allowances determined in accordance with Article 9 and 9a over the period from 2013 to 2020 shall be set aside for new entrants, as the maximum that may be allocated to new entrants in accordance with the rules adopted pursuant to paragraph 1 of this Article. ……. Article 10a(12): Subject to Article 10b, in 2013 and in each subsequent year up to 2020, installations in sectors or subsectors which are exposed to a significant risk of carbon leakage shall be allocated, pursuant to paragraph 1, allowances free of charge at 100% of the quantity determined in accordance with the measures referred to in paragraph 1.

该指令在第10条中规定了“配额竞价拍卖”——“自2013年起,成员国应将所有按照第10条a款和第10条c款免费分配的配额竞价拍卖。到2010年12月31日,欧盟委员会应决定并分开预计竞价拍卖的配额量;各成员竞价拍卖的配额总量应由以下内容组成:(a)分发到成员国的88%的竞价拍卖配额总量的分配比例,它应与2005年共同体系经核查排放的比例或2005~2007年平均值比例中较高者相同;(b)10%的竞价拍卖配额量应以促进共同体团结和发展为目的,分发到特定成员国,因此此类成员国按照(a)点要求进行的所有竞价拍卖配额量将遵循附件二a款所列比例提高;(c)10%的竞价拍卖配额量分发到特定成员国,此类成员国2005年温室气体排放至少低于该成员国《京都议定书》要求的基准年排放量20%以下。此类分发百分比的细则在附件二b中提供。”①

(三)国际碳交易场所规范

目前的国际碳交易市场,划分为两级市场。一级碳交易市场是指排放权的初始分配市场,涉及碳排放权的初始分配。相对应的法律规范就是上述的初始分配规范,包括竞价拍卖、租赁、无偿分配规范等。二级碳交易市场是初始分配后的自由交易市场。碳排放权进行自由交易的基础便是碳交易场所及其规范的建立。

碳交易的二级市场分为碳交易所交易和柜台交易两种形式。目前在全球范围内建立起来的碳交易所及其规范主要有:

1. 国际环境权益交易所(BlueNext)。2007年12月,该所由纽约-泛欧证券交易集团(NYSE Euronext)和法国信托投资银行(caisse des Dépâts,

① 如在附件二a中确定了第10条(2)(a)所进行的成员国竞价拍卖配额比例的增加情况,如比利时为10%,保加利亚为53%,西班牙为13%,立陶宛为46%,波兰为39%,罗马尼亚为53%,瑞典为10%等;在附件二b中确定了第10条(2)(c)成员国为实现温室气体减排20%所作早期努力而进行的竞价拍卖配额的分配情况,如捷克为4%,匈牙利为5%,波兰为27%,斯洛伐克为3%等。See “DIRECTIVE 2003/87/EC OF THE EUROPEAN PARLIAMENT AND OF THE COUNCIL”: ANNEX Ⅱa and ANNEX Ⅱb。

CDC)合资设立。其中前者控股60%,后者控股40%。BlueNext交易所的交易品种包括碳信用(CERs)及配额(EUAs)的现货与期货以及套利等交易模式,是目前全世界规模最大的二氧化碳排放权现货交易市场,而且是世界上唯一一家交易CERs现货合约的交易所,占全球二氧化碳排放权现货交易市场份额的93%。

2. 欧洲气候交易所(ECX)。该交易所成立于2005年,最初是由芝加哥气候交易所全资设立,位于伦敦。自2006年起,该所由气候交易所公司(Climate Exchange PLC, CLE)控股,在伦敦证券交易所上市。ECX是欧盟排放贸易体系(EU ETS)中主要的碳减排交易所,主要进行CERs、EUAs期货、期权以及每日期货合约的交易,以及套利等交易模式。ECX针对各种碳交易合约机制的特点制定了不同的合约规则和程序,充分保证ECX的全面规范运作。

3. 芝加哥气候交易所(CCX)。该交易所成立于2003年,位于芝加哥,由气候交易所公司(Climate Exchange PLC, CLE)控股。CCX是全球第一个自愿性参与温室气体减排量的交易市场,也是全球交易品种最多的气候交易市场,可同时开展二氧化碳(CO_2)、甲烷(CH_4)、等6种温室气体的减排交易。2006年,芝加哥气候交易所制定了《芝加哥协定》。协定详细规定了建立芝加哥气候交易所的目标、覆盖范围、时间安排、温室气体范围、交易工具、排放基准线、减排计划及配额分配、登记与电子交易平台、监测程序、排放报告及核查、交易所治理结构等一系列可操作性强的交易细则。其中,涉及交易所自身的最为主要的规范是交易所治理结构、登记与电子交易平台等。

另外,在欧洲市场还有设于德国的欧洲能源交易所(EEX)、设于挪威的北欧电力库(Nord Pool,NP)、设于法国巴黎的Powernext交易所、设于荷兰阿姆斯特丹的Climex交易所;在我国有北京环境交易所、上海环境能源交易所、天津排放权交易所、深圳排放权交易所等。这些交易所都制定了相应的制度规范，以充分保证交易所的正常运作。

(四)国际碳交易主体规范

碳交易主体的规范主要是界定哪些主体可以成为从事国际碳交易的市场行为者，是市场行为主体准入的基本规范。如《京都议定书》三机制中，JI 和 ET 两种机制的交易双方主体是《京都议定书》附件一中的缔约方，CDM 机制则是《京都议定书》附件一中的缔约方和非缔方的发展中国家。

一般来说，在国际碳交易市场从事交易活动的主要是两方主体，即拥有富余排放权指标的卖方企业和需要排放权指标的排放者，但又不完全如此。如在美国，碳排放权的交易主体除了真正的排放者，还包括投资者和环保主义者，投资者包括经纪人、企业、基金等；又如在我国的天津排放权交易所会员有三类：一类是排放类会员，一类是流动性提供商会员，一类是竞价者会员。从目前的现实看，国际碳交易的各类微观主体，涉及企业或个人、市场中介、一定程度上以特殊主体身份直接参与碳市场交易活动的政府机构三大类主体。因此，各种碳交易的条约、协定或规则都会对上述几类主体是否可以在相应的机制中进行碳交易，都有明确的规定。

(五)国际碳交易信息披露规范

国际碳交易的信息披露制度，是确保碳交易基本数据真实的保证，是各碳交易市场主体谋求发展战略、收益、机遇的“晴雨表”，是碳交易市场进一步发展的推动力。国际碳交易的信息披露规范，可分为国际层面和区域层面两个层次。

国际层面，主要是《京都议定书》所建立的“国家信息通报制度”。《京都议定书》的效力取决于两个因素：一个是使用的排放数据是否可靠；一个是缔约方是否遵守议定书的规则及其承诺。因此，缔约方为确保这两点的实现，在《京都议定书》的第 5 条、第 7 条、第 8 条对各缔约方相应的报告和审查程序进行了明确的规定。[①] 根据这些规定，附件一的缔约方需报告和检查其国家体系和方法学，以建立温室气体的清单。此外，在《马拉喀什协定》和2005年12月蒙特利尔会议上，京都缔约方还共同制定了一套监测和履约程序，以保证上述规定的切实履行。

区域层面则要数欧盟排放交易体系规则中的明确规定，即《欧洲议会和欧盟理事会指令》(2003/87/EC)第14条、第15条、第15条a和第23(3)款的规定。该指令第14条规定了"排放的监测和报告"，要求"至2011年12月31日，按照附件四所列监测和报告原则，欧盟委员会应为附件一所列活动制定排放的检测和报告规则……规则应明确对信息进行独立核查的要求……第1段所述内容可以包括要求使用电子化系统和数据交换格式来协调监测计划、年度排放报告以及经营者、核查者和权力机构之间沟通"；第15条规定了"核查和任命"，要求"成员国应保证经营者和飞机经营者按照第14条(3)款要求所提交的报告已经按照附件五所列指标和欧盟委员会按照此条制定的条款核查，且已告知权力机构"；第15条a规定了"信息披露和专业机密"，要求"成员国和欧盟委员会应保证所有与配额分配量有关的决议和报告以及排放监测、报告和核查信息在第一时间内披露以保障信息获取的非歧视性"，而且规定了例外条款，即"除非凭借适用法律、法规或行政条款，包含专业机密的信息可以不为他人或机构披露"。

(六)国际碳交易合同规范(合同规范涉及合同主体之间的权利和义务问题，本文将在第4章中全面解读)

三、国际碳交易法律规范内容的综合性

国际碳交易法律规范的内容涉及实体和程序两大部分。无论是京都机制下的法律规范内容，还是非京都机制下的法律规范内容，概莫能外。

---

① 具体内容参见《京都议定书》第5条、第7条和第8条的规定。

(一)与碳交易构成要素相关的规范

1. 交易主体资格。在京都三机制中,碳交易所对应的主体是不同的。联合履约机制(JI)的参与主体是附件一缔约方(包括正向市场经济过渡的国家,即转型经济体)。其合作履约方式是:在缔约国之间以项目为基础,共同削减温室气体排放,最后形成的碳排放削减量由参与主体共享。排放贸易机制(ET)的参与主体是附件一缔约方或其授权的法律实体。而且附件一作为国家的缔约方参与 ET 活动必须满足下列条件:(1)为议定书的缔约方;(2)服从议定书规定的程序和机制;(3)已经按照议定书确定的分配数量核算方式表明对此数量负责(即计算了分配数量);(4)在承诺期开始前一年确立各种人为排放温室气体的源和各种清除温室气体的汇的国家体系;(5)建立了国家登记机构,必须每年报告排减单位(ERU)、核证减排额(CER)、配量单位(AAU)和清除单位(RMU)等数据信息并将资料转交给秘书处;(6)已经按照指南所要求的年度清单报告和通用报告格式,提交最新的年度清单;(7)提交了有关的 AAU 的补充资料,议定书履约委员会的执行事务组有权对参与 ET 的附件一缔约方是否符合资格要求进行审查和认定;(8)提交了补充信息。清洁发展机制的参与主体包括附件一国家和非附件一国家,是以项目为基础的温室气体减排信用交易。

欧洲温室气体排放权交易体系中所设定的交易主体主要是分布在欧洲多个国家的 11500 多个排放源。具体来讲,是指分布在以下六个方面中的各类和各个企业:(1)能源行业中企业,即涉及超过 20MW 额定热量输入量的燃烧装置、石油精炼、焦炭炉的企业;(2)黑色金属的生产和处理企业,如含有生铁和钢铁的生产装置、金属矿石的锻烧等工序的企业;(3)采矿企业,如日溶解能力超过 20 吨的玻璃生产设施、日产超过 75 吨的陶瓷产品生产设施、旋转炉日产超过 500 吨的水泥生产设施和超过 50 吨的石灰生产设施企业;(4)造纸企业,如纸浆生产设施与日产超过 20 吨的造纸和木板生产线;(5)航空企业;(6)其他企业。如化工、制氨、电解铝等行业中的企业。

2. 交易客体。交易客体是指国际碳交易指向的对象。《京都议定书》确立了可用以排放权交易的信用额度，创建了京都交易单位，可以由国家注册系统和清洁发展机制注册系统对这些京都交易单位的取得和转让进行记录和追踪。它们分别是：(1)排减单位(ERU)，指基于联合执行机制签发的单位；(2)核证的减排额(CER)，指基于清洁发展机制(CDM)签发的单位；(3)分配数量单位(AAU)，是指附件一缔约方根据议定书获得的数量单位；(4)清除单位(RMU)，指利用土地利用变化和林业活动签发的单位。

3. 交易储备数量。为了防止卖方过分超额出售分配数量，产生自身无法履约的风险，即卖空的风险，一般的规则都要求缔约方必须储备一定比例的分配数量。如《京都议定书》规定，附件一缔约国可以在以下 2 个适用标准中选择较低值的做承诺储备量：一是根据《京都议定书》第 3 条第 7 款和第 8 款计算得出的所分配的 AAUs 的 90%；二是不低于最新国家清单数量的 5 倍。在承诺期间内，只有高于承诺储备量才可以进行交易。基于交易信息不对称，《京都议定书》规定了“出售方责任”，购买方不对购买到的卖空 AAUs 负责，违约责任由卖空缔约方负责。由于现有规则把联合执行产生的排放减少量排除在储备量要求之外，按照储备量规则要求可以得知下列关系：一个是注册系统的单位总量 + 交易的经证明的减排量 ≥ 承诺期储备量；一个是缔约方国家注册系统中可用于交易的单位总量 = 注册系统总单位数 - 承诺期储备量 + 转让的排减单位。[①]

4. 交易程序。所有的碳交易都是在市场体系框架中完成的，都必然按照市场运作的机制相继完成相应的程序。只不过，基于碳交易的基础前提是纯粹的市场碳交易，还是基于项目基础上的碳交易，这两者的程序是不同的。纯粹的市场碳交易，只会考虑碳排放权的存在，而不会考虑碳排放企业或中介的生死存亡问题，因而从购买方的角度，其基本程序只有在市场中寻

---

① 王毅刚，葛兴安，邵诗洋等. 碳排放交易制度的中国道路——国际实践与中国应用[M]. 北京：经济管理出版社，2011：92－93.

找出卖方、与出卖方谈判、签订碳排放权交易合同、实施交割等几个步骤，但基于项目的碳排放权交易，则要比上述程序多出几个步骤来，比如 CDM，就包括项目活动的识别和计划、谈判和签署减排购买协定、项目设计文件的准备、指定国家权力机构的批准、项目的审定、项目活动的注册和注册费、项目活动的监测、核查与核证、签发和分配 CERs 等多个交易步骤。

（二）与国家职能主体监管相关的规范

无论是联合国气候变化框架下的《京都议定书》所设定的三种排放权交易机制，还是欧洲温室气体排放权交易体系，在设定排放权交易的基本原则后，就对各缔约国在履行相应国际义务方面赋予了履职的责任。如《京都议定书》规定，"（1）附件一所列每一缔约方，为履行第 3 条中关于排放量限制和削减指标的承诺以促进可持续发展，均应：（a）根据本国情况执行和/或进一步精心制订政策和措施；同时考虑到其依有关的国际环境协议作出的承诺；促进可持续森林管理做法、造林和重新造林；在考虑到气候变化的情况下促进可持续农业形式；等等；①（b）根据《公约》第 4 条第 2 款（e）项第（一）目，同其他这类缔约方合作增强它们依本条通过的政策和措施的个别和合并成效。为此目的，这些缔约方应采取步骤分享它们关于这些政策和措施的经验并交流信息；（2）附件一所列缔约方应分别同国际民用航空组织和国际海事组织一起谋求限制或削减飞机和船舶用燃油产生的《蒙特利尔议定书》未予管制的温室气体的排放；（3）附件一所列缔约方应依本条努力执行政策和措施，尽量减少各种不利影响；（4）作为本议定书缔约方会议的《公约》缔约方会议如决定就上述第 1 款（a）项中所指任何政策和措施进行协调是有益的，同时考虑到国家情况和潜在的作用不一，则应考虑设法推动对这些政策和措施的全面协调"。

上述规定表明，《京都议定书》规定了相关缔约国必须于本国制定相关

① 具体内容参见《京都议定书》第 2 条的规定。

的政策或措施达成减排目标，并且组建相应的组织为实施相应的减排任务。尽管我国目前并非是《京都议定书》附件一所设定的国家，但鉴于国际各方面的发展趋势和我国自身发展的需要，我国也于2007年6月2日成立了国家应对气候变化及国务院节能减排工作领导小组，并规定其工作任务为“研究制订国家应对气候变化的重大战略、方针和对策，统一部署应对气候变化工作，研究审议国际合作和谈判对案，协调解决应对气候变化工作中的重大问题；组织贯彻落实国务院有关节能减排工作的方针政策，统一部署节能减排工作，研究审议重大政策建议，协调解决工作中的重大问题”，从而在工作目标、组织机构、工作重点和机制等几个方面加强了我国对气候变化的监控和管理。并且前提是，监控和管理的基本职责是依照相应法律法规的基本规定所作。

（三）与国际组织履职相关的规范

在当前的国际气候变化框架下，具有完全国际法定义务的条约当属《京都议定书》。它所设定的相应的国际组织机构就是缔约方大会（COP/MOP）以及执行理事会（EB）。《京都议定书》在其第8条、第9条等条文对缔约方会议的职能作了规定，如审查各缔约方的履约情况、在附属履行机构并酌情在附属科技咨询机构的协助下审议缔约方按照第7条提交的信息和专家审查组关于按照第8条进行的审查的报告、对各类情况进行相应协调等。执行理事会的基本职能则是为履行上述缔约方会议的任务而设定。如CDM机制下，执行理事会要做的就是通过CDM的决定与政策，对CDM项目活动进行监督，接受缔约方和公众关于CDM项目的投诉并向COP/MOP报告投诉内容等。

第三节　国际碳交易现行法律规范的非系统化与“软化性”

国际碳交易市场的兴起,源自国际社会中人们的经济思维和观念在气候变化领域的扩展。产生二氧化碳等温室气体是因为发展经济,阻止二氧化碳等温室气体是为了更好地发展经济,采用碳交易的方法是为了使阻止二氧化碳等温室气体的成本更节约。经济的方法离不开法律的保障,是为现行国际碳交易法律规则形成的原因。但由于目前的主要国际碳交易市场始终没有脱离“国家主权”而存在,且由于国际碳交易主体分为“京都议定书阵营”和“非京都议定书阵营”,国际碳交易的方式有“强制”和“自愿”,国际碳交易的机制就《京都议定书》有 JI、CDM 和 ET 三种模式,更不用说其他碳排放交易体系下的交易机制模式有多少种类型了,如欧盟及其成员国的碳交易机制、美国的区域性交易机制以及美国各州的交易机制,五花八门。这一情况决定了国际碳交易现行的法律规范存在非统一性、非完整性和“软法”性。

一、国际碳交易法律规范的非统一性

(一)国际碳交易法律规则构建无统一的立法机构

从广义上讲,国际法律体系是指一切调整国际政治、经济、军事等各种活动和现象的原则、习惯、规则等法律规范的总称。在这个意义上,国际法是与国内法相对应的法律体系,包括众多的国际法部门。[①] 国际碳交易法律

---

① 窦希铭. 论国际法的概念及其体系构成——兼论当前国际法领域的基本热点问题[DB/OL]. 法律图书馆论文资料库, http://www.law-lib.com/lw/lw_view.asp? no=9252, 最后访问日 2011-08-30。

体系[①]是指调整各种国际的、区域的、国家之间的或一国涉外的碳交易社会关系或社会现象的法律规范的总称。在此意义上的碳交易法律体系是涵括国际上所有调整碳交易的法律原则、习惯、规则等法律规范的总称,包括国际“共同但有区别责任”法律原则、“有约必守”国际习惯、京都议定机制中的实体和程序规则等。

应该说,从实用主义的角度,国际碳交易法律体系对当前的国际碳交易市场的创建和发展、碳交易主体之间的权利和义务设定进行了很好的规范。但自1992年《联合国气候变化框架公约》达成以来,针对国际上的碳交易法律体系的构建,从来没有一个单独的统一的立法机构。即使是《京都议定书》这样具有国际强制性义务的协议,也只不过是联合国气候变化框架缔约方大会唯一的成果。而自此之后,缔约方会议再没有达成一项完全具有国际法条约意义上的协定。那么,作为常设的立法机构这样一个角色也就无法赋予联合国气候变化框架缔约方会议;再如,欧盟委员会就欧盟范围内的碳减排所建立的排放交易体系,尽管欧洲议会完全具有了区域立法机构的立场和合法性,也在某种机制的设定上符合京都机制的运行,但毕竟这只是区域性的立法模式,而且该交易体系规则除了《欧洲议会和欧盟理事会指令》(2003/87/EC)外,其余的则要数各个碳交易平台设计的具体实施规则,各规则之间的创设则是在其平台限定范围之内的,各平台立法范畴意义上的结合很小。对于各国之间就碳排放交易的立法机构则是千差万别的,就目前的情形,不可能统一到一个整体的机构中来。碳排放交易的理论和实践也证明了此点。

(二)国际碳交易法律实施无统一的管辖权

1.管理机构繁多,司法机构参与碳交易管辖能力欠缺。目前,随着碳交易市场的扩大,碳交易数量的节节攀升,国际上的碳交易管理机构,也如雨

① 国际碳交易法律体系原本不是一个真正意义上的法学概念,但考虑到碳交易法律制度上的统一和完整性,本文采用此一概念。

后春笋般出现。从管理层次上分,碳交易管理机构有国际层面的,有区域层面的,也有行业组织层面的,更有各国内层面的。如国际层面的,有管理《京都议定书》碳减排交易三机制的 COP/MOP 及其 EB;区域层面的,有管理《欧洲议会和欧盟理事会指令》(2003/87/EC)欧盟委员会及其理事会,在其下属的 30 个国家分别设立碳交易登记处,负责追踪碳交易许可证的所有权流转,管理交易账户,相当于为交易者搭建虚拟交易平台;行业组织层面的,有各环保非政府组织的管理机构;各国内层面的,有美国的环境保护署(EPA),德国的环境部,英国的贸易与工业部(DTI),中国的发展与改革委员会等。这些管理机构在一定程度上是互不相关的,如国际层面的,对于任何一个国家参与京都机制碳交易的,都会纳入 COP/MOP 及其 EB 的管辖范围;但对于非京都机制碳交易的,却不会纳入该管理范围,而且管理的机构较多,甚至重叠。至于欧洲区域或各国家之间的碳交易,则有关国家的碳交易机构之间是一种相互合作的主体关系。

通过对国际碳交易管理机构的分析,可以看出,碳交易是一种国家与国际组织、国外实体或私人之间的交易。在最初的碳交易设定上,各碳交易的模式/体系就已经对碳交易的管理机构及其运行作出了充分的设定,并且充分考虑到碳交易跨国之间的难度而对当中的管辖,都采用了综合的管理体系和管理机制,而只有在这种方式难以解决的情形下,才注重仲裁或司法措施的使用。因此,从某种意义上说,国际碳交易的司法机构参与程度并不高,主动管辖的范例几乎没有。

2. 碳交易政治意愿大于司法干预。没有统一的立法机构和管辖权,导致了学界对国际碳交易前景的担忧——特别是 2012 年以后,后京都时代《京都议定书》第二期减排承诺以及绿色基金发展的问题。但我们反过来思考的是,为什么国际碳交易的管辖权如此分散和零乱呢? 这可以从下面两则事例可以分析出:(1)美国退出《京都议定书》。2001 年,当时的美国总统布什宣布退出《京都议定书》,其理由主要是两条。一是二氧化碳等温室气体排放和全球气候变化的关系“还不清楚”；二是《京都议定书》没有要求一些发展中国家承担减排义务，发达国家单方面限制温室气体排放“没有效果”。尽管联合国组织、欧盟、日本等对美国在《京都议定书》的立场进行了严厉地批评，但美国仍然我行我素；(2)欧盟域外碳管制。2005 年 1 月 1 日，欧盟正式启动碳排放交易机制，按照“限制和交易”的设计，通过每年给企业发放有限的碳排放配额，迫使它们节能减排，对于超过配额的排放，企业只能从碳排放交易市场上购买，如果配额没有用掉，则可以出售。最初，欧盟的“碳管制”仅针对能源、钢铁等工业部门，但 2006 年底，欧盟委员会出台立法建议，提出把航空业也纳入“碳管制”。2008 年，欧盟的这一立法生效，规定从 2012 年 1 月起，凡降落在欧盟区域内的国际航班，都必须参加欧盟的航空排放交易体系（EU - ETS 或 ETS），法案涉及其他国家 2000 多家航空公司。很快，包括中国在内的全球航空企业即将被欧盟套上“碳管制”这道“紧箍咒”，所有在欧盟境内飞行的航空公司其碳排放量都将受限，超出部分必须掏钱购买。[①] 上述两则事例，前者是不愿意接受国际社会的管辖，后者是将区域管辖的能力扩展至域外。从两者不愿意或主动参与管辖的背景分析，两者对碳交易与国家或区域的利益偶合划分得非常清楚，也即政治意愿要大于司法管辖。美国放弃京都机制，却在其国内大兴碳排放交易市场，也是基于此种倾向。

(三)国际碳交易法律规范的多层次与分散性

纵观国际碳交易中的法律规范构成，其可以分为四个层次：第一个层次是国际层面的，这有作为“宪法”性的《联合国气候变化框架公约》及其缔约方会议所形成的《京都议定书》、《马拉喀什协定》等法律性协定或条约；第二层面是区域性的，这有作为欧洲气候变化规范最高指令的《欧洲议会和欧盟理事会指令》(2003/87/EC)以及欧洲各跨国性碳交易所形成的规范、美国各

① 尚军，岳瑞芳. 应对欧盟“碳管制”的竞争力[DB/OL]. 联合早报网，http://www.zaobao.com/wencui/2011/06/liaowang110608a29.shtml，最后访问日 2011 - 09 - 02。

州政府联合形成的区域性规范等;第三个层面是各国家为完成国际碳排放义务而在国内构建的各种国家性法律规范,但与国际法律规范在宗旨、目标以及机制方面保持了高度一致;第四个层面为各碳交易所、碳交易主体在市场中所形成的各种具体的可操作实施的规则。这四个层次的法律规则,从各个层次的立法目标出发,对各管辖范围内的碳交易实施有效规范,从而有力推动国际碳交易的发展。同时,我们还要考虑到国际碳交易规则的高度分散性这一特点,强化国际碳交易规则与规则之间在调整碳交易过程中的适用规则整合和冲突化解问题。

(四)国际碳交易法律冲突解决机制的相对缺失

1. 国际碳交易法律冲突解决方式选择与困境。从理论上讲,国际碳交易作为一种特殊商品的交易,属国际商事合同调整范畴。对于国际碳交易所形成的法律冲突本身,完全可以借鉴国际民商事法律冲突的解决措施和方法,如协商、谈判、仲裁或诉讼等方式。但鉴于国际碳排放的国际公益性和各国家对气候主权观的充分掌握,各国家一方面不可能不顾国际社会的发展趋势,不可能不充分考虑气候变化所带来的经济、政治、法律等影响,而会主动地采取政策和措施来应对气候变化本身,来应对气候变化对国际社会所带来的其他各种影响;另一方面也不可能完全将属于主权领域内的事务,如碳排放数量分配、环境关税、碳减排技术和资金的形成和使用等事关国家主权利益的事项放开不顾。这就使得在发生碳交易争执后,产生了政治与法律解决方式的冲突两难问题。基于利益偶合形成并达到合作态势的习惯法或条约法的充分解释、适用或应用将是解决这一难题的关键所在。因而,这就需要各国家采取更为可取的措施和办法,在国际公共利益和国家利益之间达到平衡之目的,实现碳交易争议解决的综合平衡。

2. 碳减排协议争议与《环境仲裁规则》的适用。在碳排放交易主体之间的最为普通的争议当属碳减排协议争议。而往往获得主体之间最为青睐的解决办法是在碳排放协议中约定仲裁解决方式。国际仲裁院的《环境仲裁规则》因其适用的频率高、仲裁处理规则的公正性当为碳排放主体之间的首选规则。不仅如此，其他的一些国际性的仲裁院及其规则，如香港仲裁院及其规则、新加坡仲裁院及其规则也常有处理碳排放交易争议（环境争议）。但仲裁最大的一个问题就是有仲裁条款写入碳排放交易协议或在争议发生后，争议双方有补充的仲裁条款，否则该方式难以获得共同的认可，必然在执行方面的难度急剧增大。

二、国际碳交易法律规范的非完整性

（一）国际碳交易法律规范的理想范围和边界的不确定

国际碳交易法律规范调整的对象，是碳排放权；调整的内容，是碳排放权交易法律关系（权利和义务）。围绕碳排放权的交易，涉及的法律规范包括碳排放分配规范；碳排放核查、核准规范；碳排放标准和认证法律规范；碳排放交易合同规范；碳排放交易争端解决规范等。这些法律规范的设定，都是以 1945 年《联合国宪章》、1972 年《联合国人类环境宣言》、1985 年《保护臭氧层维也纳公约》和于 1990 年 6 月 29 日调整和修正的 1987 年《关于消耗臭氧层物质的蒙特利尔议定书》为蓝本，并以当中的国际法原则为指导。如果所有的缔约国家都遵循国际条约所设定的责任和义务，切实维护国际气候的稳定控制标准，并建立统一的立法机构，划定联合国组织和各国家在管辖气候变化的适应性范围，促进国际碳交易法律规则的统一和协调，国际碳交易法律规范体系的完善应指日可待。但我们都知道，除了国际政治层面的利益和立场冲突，就微观的市场碳交易本身，也存在以下问题：碳价格信号波动较大，容易受到政策、配额发放、经济形势、能源价格、气候条件、技术水平等因素影响，很难准确预测。这就导致宏观的碳交易国际治理和微观的碳市场交易监管，都需要碳交易法律规范的指引和调整。但在实践中，鉴于法律规范制定的滞后，鉴于国际社会对碳交易，特别是强制性碳交易分为京都机制阵营和非京都机制阵营的事实，鉴于某些发达国家的不履行京都义务并搅局世界碳排放交易的状况，上述为完善和调整国际碳交易的法律规范，真的很难在短期内获得充分的认识、肯定和确定。

（二）国际碳交易法律规范的构建受到多重阻碍

从前面对碳交易法律规范体系的分析中可以看出，国际碳交易法律规范的杂乱与无序是当前一个很直面的问题。以《京都议定书》为核心组建的碳交易法律规范体系，既有非统一性的一面，也有很不完整的一面，这是既定事实。而且，更为关键的是，在人类寻示可持续发展的道路上，公平性地创造国际碳减排基础，实现碳交易预算额度在发展中国家之间公平获得，即分配给发展中国家的碳预算额度，“不仅要看国别的二氧化碳总排放，也要看人均排放和历史人均累积排放，以求得公平、公正地解决温室气体累积所导致的气候变化效应”①的想法与追求受到了多重阻力，至少在目前的国际社会难以达成。

为何发展中国家与发达国家，特别是以美国为首的数个发达国家在碳减排的道路与法律模式选择上的冲突如此剧烈呢？应当说，在承认地球气候的变化及其不利影响以及采取“共同但有区别责任”措施来解决当前的气候影响并实现人类的可持续发展是所有《联合国气候变化框架公约》缔约国认定的事实，也是所有缔约国应尽的国际责任和义务；当美国的时任副总统戈尔签下《京都议定书》时，他代表美国也是赞成京都国际义务和三机制的。可在后来，美国却与京都强制义务行动越走越远。美国在提到不参与京都强制减排义务的理由时，总是提到诸如中国、印度等新兴经济国家没有参与强制减排；而中国、印度等国则认为发达国家几百年的工业化革命，在二氧

① 2011年11月4日，在南非的德班会议上，中国、印度、巴西和南非组成的基础四国向大会提交了《公平获取可持续发展》的技术报告，强调发展中国家需要获得公平的碳预算额度。这一提议尽管受到众多国家，特别是发展中国家的支持，但发达国家对此并不认同。显而易见，发达国家与发展中国家在《京都议定书》第二期减排承诺和绿色发展基金这两个重大问题上分歧仍然严重。人类可持续的理想追求在气候变化以及碳减排法律规范方面受到了众多阻力。参见李泽民.德班会议谈判文本出炉，两大问题依旧无解[DB/OL].中国证券网，http://www.cnstock.com/index/zhuangti/2011dbdh/2011dbtt/201112/1720501.htm，最后访问日 2011-12-06。

化碳排放等造成气候变暖的道路上已经欠下了历史债，且“人均碳排放”的分配汇值才是公平合理的。因此，中国参加德班会议代表团团长解振华在德班会议提出，发达国家要做到五个前提条件，[①]中国才能为在2020年后参与强制减排进行谈判。事实上，只有参与强制减排义务的国家，才算是真正被纳入国际碳减排的法律规范体系中。也就是说，目前除了欧盟及其国家愿意主动参加到强制碳减排体系中，美国、日本、加拿大、澳大利亚等发达国家与印度、中国、南非等发展中国家是游离于国际强制碳减排交易体系之外的。这就为国际社会构建人类可持续发展的碳减排交易法律规范体系带来了一系列政治矛盾和冲突。因此，必然先要解决这些观念上的、历史现实的、文化冲突的政治矛盾和冲突，才能实现碳减排法律规范的体系完整。尽管中国、印度等发展中国家在自身国度的碳减排道路上已经迈出坚实的一步，而且正在为此作出更大的努力，但发达国家如若不改变他们的立场，并采取可行的措施，碳交易法律规范的完整构建仍需要很长的时间。

三、国际碳交易法律规范的“软法”性

国际社会采取各种措施来应对气候变化，其目的是通过相应的途径和方式达成气候变化最终在一个相对稳定的范围内，以实现人类的可持续发展。国际碳交易就是应对国际气候变化一种市场方式。除此之外，还有诸如碳关税、碳标识和认证等国际管制的方式。但不管是哪种措施或方式，在根本意义上必须使得各国家做到：(1)认识到大自然的气候变化受到人类工业化进程以及其他行为的影响，并在朝着一个较为严峻的状态发展；(2)各国家为了人类社会的可持续发展必须形成共识，并采取集体行动，扭转气候

---

① 这五项条件分别是：一是必须有《京都议定书》和第二承诺期；二是，发达国家要兑现300亿美元“快速启动资金”，和2020年前每年1000亿美元的长期资金；三是落实适应、技术转让、森林、透明度问题等，建立相应的机制；四是加快对各国兑现承诺、落实行动情况的评估，确保2015年之前完成科学评估；五是坚持“共同但有区别的责任”、坚持公平、各自能力的原则，确保环境的整体性。

变化不利的一面;(3)各国家采取的集体行动应是在国际层面上的制度化措施以及各国家自身受国际法拘束或指引的行动;(4)各国家应为本身所采取的措施或参与的集体行动负责,并担当起国际法上的义务;(5)如各国家没有履行在国际上的承诺,将承担国际社会对其的惩罚措施,至少其必将受到国际社会的严厉的谴责。如若不然,控制气候变化就成为一个长期较难实现的人类"囚徒困境"。

当前,各国家在气候变化的应对实践上,对于前面两点,已经达成充分、全面的共识,并很好地做到;但在后面三点上,却是莫衷一是,做法各异。如在国际环境法领域,框架性公约模式一直被广泛使用,《联合国气候变化框架公约》和《维也纳保护臭氧层公约》等国际公约在实体权利与义务方面,仅只规定了原则性的条款,而就具体的措施则要靠各国家国内法完成。或者,这些公约先就一些认识不统一或有争议的规定进行回避,将其放置到附件或以后的补充议定书中去进行讨论和完善。国际上在处理环境领域的这一做法一直延续到今天,我们把它叫做"软法"的国际治理。

(一)国际法上的"软法"与碳交易

1."软法"的概念。软法属于国际法上一个尴尬的学术课题,至今没有一个统一的定义。[①] 一方面,软法根本就不是"法律(law)"。诚如维尔(Weil)教授所言,按照传统国际法的观点,"它们既不是软法也不是硬法,它

① 如梁剑兵教授采用归纳法,将国内外学者对软法的分为12种,包括国际法、国际法中那些将要形成、但尚未形成的、不确定的规则和原则、法律的半成品法律意识与法律文化、道德规范、民间机构制定的法律等,但这些并非是完全准确的软法定义。莫丽燕.论软法的要素及其概念[J].唯实,2008(8-9):107;又如在国际环境法领域研究中,王铁崖认为,软法是指在严格意义上不具有法律拘束力、但又具有一定法律效果的国际文件。国际组织和国际会议的决议、决定、宣言、建议和标准等绝大多数都属于这一范畴;王曦认为,软法是不具有法律约束力的文件,例如国际组织大会的宣言、决议、行动计划等,这类文件虽不具有法律约束力,却往往有助于国际习惯的形成和条约的产生,对各国的行为具有一定的影响力。王铁崖.国际法[M].北京:法律出版社,1995:456;王曦.国际环境法[M].北京:法律出版社,1998:70。

们根本就不是法律。”[①]另一方面，几乎所有的法学家都同意它们并非单纯的政治术语。《世界人权宣言》(the Universal Declaration of Human Rights)、《赫尔辛基最后法案》(the Helsinki Final Act)、《巴塞尔资本充足率协议》(the Basle Accord on Capital Adequacy)、OECD 国际投资与跨国公司声明(OECD Declaration on Investment and Multinational Enterprises)、OECD 公司治理原则(OECD Principle of Corporate Governance)、联合国人权委员会的决议、国际法院的判决意见书等，被认为对国家有影响。因为它们具有“准法律(Quasi - Legal)的性质”，明示为“非约束性的”，但却对各国家产生了重要的影响和指导作用。这正如国际法院前院长、著名国际法学家希金斯(Rosalyn Higgins)在 1995 年撰文指出的那样，“国际机构作出的有约束力的决定并非发展法律的唯一的路径，法律后果也可以由不具正式意义上的‘有约束力的行为’产生”。[②]

因此，本书认为，软法是介于“完全有约束力的条约”和“完全没有约束力的政治表态”之间国际性的宣言、决议、决定、建议或标准、规范或文件。也即，它是指那些有法律后果但无约束力的规则，因为它们能够塑造国家对何谓守法行为的期待。例如，针对一些国家(如美国)反对规定明确的限控温室气体的时间表，《联合国气候变化框架公约》规定：“本公约以及缔约方会议可能通过的任何相关法律文书的最终目标是：根据本公约的各项有关规定，将大气中温室气体的浓度稳定在防止气候系统受到人为干扰的水平上。这一水平应当足以使生态系统能够自然地适应气候变化，确保粮食生产免受威胁并使经济发展能够在可持续地进行的时间范围内实现”。[③] 该条款虽然没有明确各国具体的限控时间和数额，但却表达出以下理念：(1)将

---

① Prosper Weil, Toward Relative Normativity in International Law, 77 AM. J. INT'L L. 413, 414 -417 n.7 (1983).

② Rosalyn Higgins, PROBLEMS AND PROCESS: INTERNATIONAL LAW AND HOW WE USE IT 25 (1995).

③ 参见《联合国气候变化框架公约》第 2 条的规定。

温室气体的浓度控制到防止气候系统受到人为干扰的水平上是公约的最终目标;(2)生态系统的适应性、粮食生产的稳定性和经济发展的可持续性是实现上述目标过程中必须优先考虑的因素;(3)公约及缔约方会议在不久的将来将会就细化公约的这方面规定进行具体立法。[①] 而且,国际实践中,1997 年的《京都议定书》就具体义务和时间表都进行了规定。这表明,无论是理论上的分析还是实践中的例子,都论证了框架公约中的这些原则性的规定对于各国实施公约的其他条款、开展国内的相关活动、进行进一步国际合作等都具有相当的指导意义。

2.“软法”的判断标准。当我们说软法规范属于“准法律”时候,一个不可避免引出的问题是:区分“准法律(quasi - legal)”与“非法律(non - legal)”的标准是什么? 的确,这是一个难以回答的问题。因为,直到今天,判断一项国际文件是不是软法的标准仍然是模糊的。法律评说家一直对软法心存芥蒂,其原因就是由于软法的这种模糊性。软法属于“剩余的”范畴,只能通过其相对清晰的范畴来加以界定,不可以凭借自身的内涵来定义。因此,软法通常被界定为包括激励性而非强制性的义务。[②] 这种定义方法的重点在于某些方面有点像法律义务的东西——比如国家间交换承诺的书面形式——但缺乏正式约束国家的要素。此一定义方法是理论上的,不具有国际法律的要素,因此,称为“软法”。

以此种方法界定软法至少面临两个挑战:

一是它确定了软法与硬法的边界,但是它对“软法”与“义务缺位”方面的区别却含糊其辞。因此,一国领导人在公开场所发表演讲所作的“承诺(a Promise)”属于软法还是纯粹的政治? 这种区分在当前的文献中找不到任何的理论依据。前苏联与美国缔结的《关于削减战略武器的条约》(第二阶段)

① 万霞.国际法中的“软法”现象探析[J].外交学院学报,2005,(1):95.

② Kal Raustiala, Form and Substance in International Agreements, 99 AM. J. INT'L. L. 581, 586.

(Strategic Arms Limitations Treaty,"SALT II")于1979年由美国总统卡特签署了,但随后1980年苏联侵略阿富汗,于是,卡特总统就不再寻求美国参议院对此条约的批准。1982年里根当局宣布它将不批准该条约,并通知了苏联。尽管这将否定任何的法律义务,但是里根总统宣布美国将自愿遵守该未批准的条约——只要苏联做到、且双方当事国都自愿地互惠地执行该条约规范达到一定的年限。[①] 由于该条约的谈判意图在于创造有法律约束力的规则,因此,我们可能认为对此类规范的遵守即为软法。另一方面,由于美国特别声明不再努力完成要创造此类规则必经的步骤,因此,有人可能认为自愿遵守条约的规定不过是一种政治上的承诺。若从这个视角来看,随着国家的承诺逐步弱化,软法就会成为失去重要性的东西,最后两者都会消失。

二是软法(soft law)的宽度难以界定。"类法律的(law - like)"东西可以描述成为一种软法形式。这包括但不限于由国家签署的书面的正式文件——但无论怎样都满足不了条约的要素、通过外交通信交换的非正式承诺、在国际组织的投票、国际审判或仲裁机构的决定。在这里有如此众多的不同的软法形式以至于往往人们把它理解为一组问题而非单一的问题。这种软法有两种表现形式:一是协定;二是"国际普通法(International Common Law)"。上述定义属于广义的理解,认为软法由类法律的承诺或缺乏硬法要素的声明构成,但是有些学者以不同的方法来界定软法。他们思考的不是一条规则对国家是否有约束力的理论问题,相反,他们关心的是如此施加的义务是否更清晰、一项国际协定的各个方面是否可能束缚国家的行为。[②] 因此,软法文件(soft law instruments)指的是那些设定不精确的义务的文件,据

① Curtis A. Bradley, Unratified Treaties, Domestic Politics, and the U. S. Constitution, 48 HARV. INT' L L. J. 307, 311 (2007).

② See W. Michael Reisman, The Concept and Functions of Soft Law in International Politics, in ESSAYS IN HONOUR OF JUDGE TASLIM OLAWALE ELIAS (Volume I Contemporary International Law and Human Rights) Emmanuel G. Bello and Prince Bola A. Ajibola, eds. . 135 (1992).

此,有许多活动都可以被视为遵守了国际法的要求。① 我们不赞同少数派的观点。当然,这些不过是定义的问题,没有客观准确的选择。不过,我们选择以更加接近理论方法的方式来界定软法。一是由于它是更普遍采取的方法,关心的是"法律性(legalit)"的差别上,不去关心影响守法效果的结构特征;二是由于它被证明属于更加能帮助我们分析软法这个概念。简言之,我们将软法界定为无约束力的规范或文件,对解释或增加了我们对有约束力的法律规范的理解,也代表了一系列的承诺——创造对未来行为的期待。这种定义保留了有约束力和无约束力的规范之间的理论区分,同时追踪了"准法律规范(quasi - legal rules)"与纯粹的政治规范之间的直观区别。在依靠法律主体的自助来执行的法律制度,主体的义务观念能够有效地界定义务。但是,法律文本(legal texts)往往不精确,含糊其辞,因此,一个理智的头脑可能对于义务的要素理解不一。对这些有约束力的义务的解释本身可能就是有约束力的——事实上,按照约定俗成的理解,它们可能构成法律(law)。但是,它们也可能成为无约束力的东西,也即:它们仅当它们能够塑造国家对于守法行为的要件的理解的时候,才可能构成法律。与之类似的是,由于义务取决于其他国家的认知,因此,国家所作的有约束力的承诺可以创造出关于适当行为的期待。这种定义——尽管不同于约定俗成的定义,但是它类似于国际法和国内法上的概念。

3."软法"的种类。目前,国内外学者通常将软法分成两类:一类是 legal soft law,是指规定在条约中但又缺少义务本质(less - than - obligatory nature)的那些规范,这类规范多出现在一些宣示性条约中;②另一类被称为 non - legal soft law,是指一些既不具有严格意义上的法律约束力又在法律意义上

① See Kenneth W. Abbott & Duncan Snidal, Hard and Soft Law in International Legal Governance, 54 INT' L ORG. 421 (2000).

② Lyune Jurigielewicz. Global Environmental Change and International Lae[M]. University Press of American, Inc. 46 (1996).

根本无效的规则原则，但这些规则可能演变成国际习惯；[①]本书指的是前一种类别的软法，即非约束性的宣示性的条约。换一种名称，它又可以称之"国际普通法(International Common Law，ICL)"。[②]

传统的软法理论往往从国际协定的性质与特征来评价软法，而国际普通法这类软法则是非国家机构(Nonstate Institutions)的产物。[③] 国际普通法(ICL)主要是通过国际司法机构和国际组织(Ios)对国际法律规范的权威描述形成的。[④] 由于国际普通法是一个新概念，但是它构成国家运用软法促进国家利益的重要手段，[⑤]因此，类似于国际环境权益、人权保护等新课题，相对抽象，且不便于容易操作，就与国际普通法的内在联系十分紧密。

国际普通法(ICL)本身指的是由国际组织作出的无约束力的决议或由国际组织设立的无约束力的标准。[⑥] 国际普通法理论(The theory of ICL)基于以下事实构建起来的：一国的同意(a state's consent)是一国受到国际法规范约束的必要条件，[⑦]但也有少数例外情形，最显著者即为习惯国际法(customary international law)。[⑧] 在多边语境下，偏好深层次合作的国家可能会因为偏好浅层次合作的国家而遇到障碍。[⑨] 虽然成立一个有权颁布有约

---

① [美]马克·W·贾尼斯. 国际法概论(英文版)[M]. 北京：中信出版社，2003：52.

② Barbara Koremenos, Charles Lipson, & Duncan Snidal, Rational Design: Looking Back to Move Forward, 55 INT'L ORG. 1051 (2001).

③ See Barbara Koremenos, Charles Lipson & Duncan Snidal, The Rational Design of International Institutions, 55 INT'L ORG. 761 (2001).

④ Andrew T. Guzman & Timothy L. Meyer, International Common Law: The Soft Law of International Tribunals, 9 CHI. J. INT'L L. 515 (2009).

⑤ Barbara Koremenos, Contracting Around International Uncertainty, 99 AM. POL. SC. REV. 549 (2005).

⑥ Kal Raustiala, Form and Substance in International Agreements, 99 AM. J. INT'L L. 581 (2005).

⑦ Kal Raustiala, Police Patrols & Fire Alarms in the NAAEC, 26 LOY. L. A. INT'L & COMP. L. REV. 389 (2004).

⑧ Andrew T. Guzman, Saving Customary International Law, 27 MICH. J. INT'L L. 115 (2005).

⑨ Michael J. Gilligan, Is There a Broader – Deeper Trade – off in International Multilateral Agreements?, 58 INT'L ORG. 459 (2004).

束力的规则但无须其成员国一致同意的国际机构有助于解决这个难题,但是,成立这样的国际机构本身之前要获得一致同意也是个难题。[①]

国际普通法则可以解决这个问题。当各国难以就广泛的一致达成协定之时,它们虽然无法制定更深层次的规范,但是它们可以选择同意浅层次的或模糊的规则。[②] 如果各国就浅层次的合作达成了无异议的协定,这些国家就可以协商成立一个审判机构,赋予其管辖权,使之能够审理因该有约束力的协定引起的争端。[③] 这样的审判机构的决定通常不具有约束力——但特定当事国之间就特定事实诉请审理的除外——因此,它们可以代表一种软法形式。[④] 国际法机构的决定可以塑造国家对有约束力的规则的构成要素的合理期望——不管它们是否承认这类国际机构的管辖权或权威性。国际法学界(international law literature)有一种较为广泛的共识——无约束力的裁决或决议的确会影响法律规范的效力。如果我们考察任何一个国际法领域的时候都同时考察其司法机构的实践,这将会变得更加清楚。比如,我们考察集体自卫权(the right to collective self - defense),如不去考察国际法院在尼加拉瓜军事与准军事活动案作出的判决意见,这样的考察就会显得不完全。尼加拉瓜军事与准军事活动案判决意见处理的是集体自卫允许使用武力的情形,国际法院得出的结论包括但不限于仅当结盟国家遭遇武装攻击的时候,作为对此武装攻击的回应,第三方(a third party)才能够参与集体作为行动。纯粹使用武力攻击该同盟显然不够。[⑤] 由于《联合国宪章》对此

---

① Timothy Meyer, Soft Law as Delegation, 32 Ford. Int'l L. J. 888 (2009).

② Andrew T. Guzman, The Cost of Credibility: Explaining Resistance to Interstate Dispute Resolution Mechanisms, 31J. LEG. STUD. 303 (2002).

③ Alan O. Sykes, Protection as a "Safeguard:" A Positive Analysis of the GATT "Escape Clause" with Normative Speculations, 58 CHI. L. REV. 255 (1991).

④ Andrew T. Guzman, The Design of International Agreements, 16 EUR. J. INT'L L. 579 (2005).

⑤ Military and Paramilitary Activities in and against Nicaragua (Nicar v US), 1986 ICJ 14 (June 27, 1986).

类案件没有清晰地指导，因此，国际法院无从下手只好采取某种形式的“司法造法手段”。由此形成的判决结论演变成为我们所理解的“自卫法(law of self - defense)的一个不可分割的组成部分。然而，国际法院在本案中的判决意见如果适用于其他国家甚至适用于相同当事国的不同案件事实的时候，并不构成有约束力的国际法。因此，国际法院的判决意见最具扩张力量的是：作为一种软法形式，判决意见虽然本身并不具有约束力但它可以塑造人们对构成有约束力的法律规则的要素的理解。

4.“软法”的适用与碳交易。软法的实质特征，是其没有明显的国际强制力制约作用，但却产生间接法律效力的意图，并产生一定的法律效果。即存在一种法律期望——“不具约束力的规则会被整合到具有法律约束力的国际协议中。例如，通过国内或国际层面对现存具有约束力的国际规则进行解释，或者在不具法律约束力的协议基础上，制定一项新的具有法律约束力的国际协议。[①] 此种法律效果，主要是指向国家行为及其改变，既可以是国家自身行为的改变，也可以是由于对软法的拒绝而引起其他国家行为的改变。当然，不管是哪种改变，国家在选择软法的适用性方面，更多地是考虑软法适用带来的国家利益或危害。原因是“软法”不具法律约束力，“没有可靠的理论基础，甚至会危害整个国际规范体系的稳定性”。[②] 为此，在适用软法前，我们除了考虑软法的本身性质外，还必须注意到软法独特的法律优势：(1)易于妥协、促成合作；(2)可以降低检验规则可行性的成本；(3)可以进行更广泛、更有效的深层次国际合作。[③] 更为关键地是，软法达成的期望

① MEYER T. Soft law as delegation[J]. Fordham International Law Journal,2009,32:891.

② WEIL P. Towards relative normativity in international law[J]. American Journal of International Law, 1983, 77:413,423.

③ 吕江.《哥本哈根协议》：软法在国际气候制度中的作用[J]. 西部法学评论,2010,(4):112 -113.

与效果必须体现“公平正义”。[①] 如在南非德班举行的《联合国气候变化框架公约》第 17 次缔约方大会上，由中国、印度、巴西和南非组成的基础四国于 2011 年 12 月 3 日共同发布了一篇题为《公平获取可持续发展》的技术报告，报告为如何分配剩余的大气空间以及如何分配发展时间和资源提供了可操作建议，正是基础四国为寻求国际社会构建软法甚至硬法之“公平正义”期望与效果的最有力证明。

（二）国际碳交易法律规范的“非强行性”

国际碳交易的法律规范除了《联合国气候变化框架公约》《京都议定书》具有极少数的硬法条款外，大多还只停留在软法的层面。原因是多方面的，其直接原因表现为“减缓”、“适应”、“资金”和“技术”四大主题谈判中因“共同但有区别的责任”的不同解释所引发的矛盾；[②]突出的内在因素就在于该些软法制定者背后的各股力量的政治博弈与利益较量；外在的表现则为目前国际社会达成的具有强制性的碳交易的法律条约数量较少、国际原则和国际习惯法发展的态势明显、替代性的可实用操作的法律制度和机制增多但强制力都较弱等。

1. 国际碳交易的强制性法律条约的数量较少。围绕国际气候变化，围绕国际碳交易，可数的强制性法律条约仅有《联合国气候变化框架公约》和《京都议定书》。但更多的是无国际拘束力的软法形态的协定，如宣示性的协议、宣言、行政性协定、安排、原则声明等。鉴于对国际碳交易法律规范的梳理，回顾自 1945 年《联合国宪章》、1972 年《联合国人类环境会议宣言》等以来的国际气候变化调整的国际软法，又忆及 1988 年联大《关于保护气候

---

① 软法能在缓和硬法过分的“普遍性”可能导致的不公正、缓和硬法过分的“稳定性”可能导致的不公正、缓和硬法过分的强制性可能导致的对人的尊严的损害以更有效地保障和尊重人权三个方面发挥作用，但是否能做到此点，关键在于各国家充分地意识到对国际事项的共同的责任和义务并切实履行之。因此，有关碳排放分配和交易的法律规范，更应当力促“软法”的这一期望与效果。

② 李威. 责任转型与软法回归：《哥本哈根协议》与气候变化的国际法治理[J]. 太平洋学报，2011，(1)：36.

的第 43/53 号决议》、1989～1991 年间联大《关于联合国环境与发展会议的第 44/228、44/207、45/212、46/269 号决议》，并充分关注自《京都议定书》第 1 期承诺减排国际社会的努力，如 2007 年，《联合国气候变化框架公约》第 13 次缔约方大会暨《京都议定书》第 3 次缔约方会议通过的“巴厘岛路线图”；2009 年，《联合国气候变化框架公约》第 15 次缔约方大会暨《京都议定书》第 5 次缔约方会议由美国和基础四国提议并最终达成不具法律约束力的《哥本哈根协议》，和第 2 期承诺减排的多边纪律无以为继，①可以肯定，在接下来的国际气候谈判与各种条约、协定的达成，都会更多地考虑软法的存在和创新。

2. 国际碳交易法律规范中的国际习惯法发展态势明显。国际习惯法典型地被定义为国家基于一种法律义务感而遵行的普遍及一致的实践，其包含两个要素：一是必须存在广泛且一致的国家实践，二是各国必须基于一种法律义务感而从事该实践。② 一般来说，著名国际法学家的著述、联合国大会的决议以及其他国际组织所作的无拘束力的声明及决议经常被视为国际习惯法的有力证明，尽管对于何种类型的国家行为可作为国家实践，且国家实践需要在多大程度上广泛且一致的结果还存在争议。对于国际碳交易的各类主要法律规范，大都源自联合国气候大会及其他国际组织的大会本身是没有太大疑义的。现在关键的问题，它能在多大范围产生效力并起到推动国际社会一致努力实施碳减排的国际责任和义务——至少目前的分歧使得一些人对国际碳减排共同实施行为产生灰暗的想法。不过，让人充满信心的是，1992 年《联合国环境与发展大会宣言》创设了“共同但有区别的责任”原则，又经《联合国气候变化框架公约》和《京都议定书》确认为国际法

① 至少到目前为止，在联合国气候变化大会上的“硬法”和各种软法的规定，都没有对《京都议定书》第二期承诺作出安排。尽管依据《哥本哈根协议》自愿申报减排机制，主要发达国家和新兴经济国家都在 2010 年主动申报了自愿减排的目标，但继之的坎昆会议和现在的德班会议，都无法消除发达国家与发展中国家的分歧。

② ［美］杰克·戈德史密斯，埃里克·波斯纳. 国际法的局限性［M］. 龚宇译. 北京：法律出版社，2010. 19；20.

规则，从而在国际环境领域创设了一个能体现实质分配正义的碳分配原则。这一分配原则，尽管也存在是否能在所有国际环境法中推广为国际习惯法的争论，[①]但事实证明，国际环境领域，特别是碳减排及其交易领域已经挡不住该原则的充分实践并迅速成为人们确信的国际法律义务准则。[②] 因此，“共同但有区别责任原则”成为国际环境领域，特别是碳减排及其交易领域中的“习惯国际法”，将是历史发展的必然。

3. 国际碳交易法律规范的替代性的可实用操作的法律制度和机制增多。当前的国际碳交易强制性法律规范尽管寥寥可数，鉴于《京都议定书》第2期承诺减排的义务没有落实，导致条约性义务在各国的实施遇到了极大的阻碍。但纵观国际碳交易的市场，却如雨后春笋。在欧洲，有欧盟碳排放交易体系，有欧洲气候交易所，有北方电力交易所，有欧洲能源交易所等；在美国，有芝加哥气候交易所，有美国区域温室气体协议（RGGI），有西部地区气候行动倡议（WCI），有中西部温室气体减排协议（MGGA）；在澳洲，有澳大利亚的新南威尔士温室气体削减计划；在亚洲，有中国的北京环境交易所，上海的环境能源交易所，天津的排放权交易所……这些交易所及各洲各国的气候行动计划，都是在相应的法律规范调整下所进行的，但最后确定交易的内容和方式，都是由各交易所或各国家制定可实用操作的各类交易制度及与交易制度相关的金融制度、投资制度、保险制度等来对碳排放交易法律规范进行可替代性的适用，产生了重大的正面影响和作用。

---

① 边永民. 论共同但有区别的责任原则在国际环境法中的地位[J]. 暨南学报（哲学社会科学版），2007，(4)：9.

② “共同但有区别责任原则”本是发达国家与新兴国家在国际气候谈判过程中妥协的结果，发达国家注重“共同责任”，新兴国家关注“区别责任”。在国际气候变化缔约方大会17次的会议中，发达国家与新兴国家为该原则总是发生分歧，但总是在关键的最后达成妥协，围绕实施该原则的各种条款和协议（软法）形成，有力地推动了国际碳减排及其交易的发展。比如，在《哥本哈根协议》后，截至到2010年5月15日，有42个发达国家（15国加欧盟27国）正式通告了2020年的减排目标，包括中国、巴西、印度和南非在内的36个发展中国家也宣布了在获得资金和技术支持的前提下计划采取的减排行动。

4. 国际碳交易法律规范的强制力较弱。从国际碳交易法律规范本身的规则体系分析,国际碳交易法律规范更多地被称作为“软法”的一个最大的缘由,就是其法律效力普遍性较低。在适用或实施的过程中,能够使国际碳交易法律规范具有国际遵约执行力的前提,是各国家能对碳交易法律规范认同并达成一致的守约约定。这是“软法”作为法的必然要求。但是,出于对国际碳交易法律规范的实践功能的推广,国际碳交易法律规范的习惯法作用和替代性法律制度或机制的广泛采用,使得此类法律规范强制制约力减弱。

四、国际碳交易的规范之治

国际碳交易涉及碳排放主体、碳排放分配权、碳排放协议中碳交易主体之间的权利和义务、碳排放交易市场的构建与规范等内容,因而可以这样认为,碳交易的法律规范就是碳排放交易的适时调整器。同时,基于碳排放交易规范本身的特殊性,如具有公法与私法相结合、实体规范与程序规范相结合、国际法与国内法双重监管的特征等,我们就需要着手大力研究碳排放交易规范中的核心问题——碳交易法律规范的“软法性”问题,加强碳交易的规范化治理。

(一)充分发挥碳交易规范软法优势的一面,促进国际碳交易的深层次国际合作

国际碳交易中法律规范效力的软法现象,并非是国际法律秩序中个别的、典型的现象。事实上,软法在国际关系构建、国际法律秩序维护方面具有不可替代的作用。在一定程度上,作为国际软法的国际宣言、决议、原则等都是国际社会在某个领域高度共识的宣称,具有高度宣示的功能,并能得到国际社会广泛而一致的尊重和遵从。如在国际碳交易过程中常适用到的《联合国气候变化框架公约》中所确定的“共同但有区别责任”原则,以及2009年12在丹麦首都哥本哈根经由美、中、印、南非和巴西五国所提出并经

联合国气候变化框架大会所决定的《哥本哈根协议》等。特别是，在国际法治发展的道路上，软法具有“转化成条约或者被理解为习惯的基础。对于国际社会而言，一项国际软法的形成事实上对未来的国际实践和国际立法具有指导意义，并能转化为国内的行动和为国际司法裁判机构所认可和采纳”。[①] 也就是说，软法在国际社会具有更容易消除隔阂、融合冲突、化解争端，成为国际社会在某个领域中强化合作共识的制度基础。因此，我们有必要看到软法在国际气候变化以及碳交易过程中的优势所在，在国际碳交易的立法层面尚不能达成完全统一共识的状况下，积极引导国际社会朝共同协商、共同解决分歧、共同应对气候变化的道路上共同迈进。也只有创造这样的一种国际氛围，国际碳交易的法治化才有基础和条件。

（二）积极推进国际碳交易的国际立法进程，提升国际碳交易的法治化、科学化

时至今日，围绕国际气候变化，国际社会走了一条由软法到硬法，再由硬法到软法的治理历程。简言之，形成《联合国气候变化框架公约》之前，国际社会围绕环境恶化的事实，提出了有关环境保护的方针建议和决议，有关全球环境保护的原则宣言，有关环境保护的行动计划，具体包括《人类环境宣言》、《人类环境行动计划》、《世界自然大宪章》、《内罗毕宣言》、《里约宣言》、《21 世纪议程》等大量的文件。而后，国际社会组建了联合国气候变化大会，形成了《联合国气候变化框架公约》和《京都议定书》两个硬法。但其主要是在一些方向和原则上表现出此特点，具体实施上仍免不了软法的效力形态。再之后，国际社会围绕在硬性减排的指标任务和碳交易项目上的合作，产生了较大的分歧，特别是前后美国和加拿大退出《京都议定书》，以及“金砖四国”在气候变化上的立场一致，使得力量博弈中的政治妥协更为明显，随之治理中的法律制度的软法化现象也随处可见。甚至在《哥本哈根

① 何志鹏，孙璐. 国际软法何以可能：一个以环境为视角的展开[J]. 当代法学，2012，(1)：40－41.

协议》出现以后,有学者认为,这是一个很完美的协议,"代表了今后一段时间内气候变化国际机制的一个无法超越的水平,从而使应对气候变化的国际法再次回归软法特性,运用包含宣言、行动守则、指南或建议等软法技术完善和发展国际法进程,将会是今后的发展方向"。[①] 但循着《哥本哈根协议》之后的联合国气候变化大会所带来的新的变化,从中可以看出,上述判断并非完全准确。而且,从长远来看,这种态势并不是国际社会所真正希望的结果。如果国际气候变化的恶化的事实仍不能从国际社会各自国家独立执行减排的目标中改变过来,将来唯一可以拯救地球的则应当是国际社会共同强制减排的目标达成,而且是在"共同但有区别责任"原则上的前提下共同强制减排目标的达成。因此,国际社会必须在坚守原来所建立起来的碳交易立法框架基础上,全面推进国际碳交易的立法,提升国际碳交易的法治之举,实现气候变化追求的人类正义。

第四节　小结

碳排放权交易的法律规范(包括法律规则和法律原则等)是碳排放交易的适时调整器。国际碳排放交易涉及碳排放主体、碳排放分配权、碳排放协议的主要内容(碳交易主体之间的权利和义务)、碳排放交易市场的构建与规范等内容,相应的碳排放交易法律规范也就是为调整这些内容的法律规则和法律原则的总称。

碳排放交易法律规范涵括的内容包括碳排放交易法律调整方式的特殊性,即调整碳排放交易的规范具有公法与私法相结合、实体规范与程序规范相结合、国际法与国内法双重监管的特征;包括调整的法律规范自身的特殊

① 李威.论共同但有区别责任的转型[J].南通大学学报(社会科学版),2010,26(5):41-42.

性，即法律规范渊源的宽泛性、法律规范种类的多样性、法律规范内容的综合性等；包括现行碳排放交易法律规范体系的非系统化与“软化性”，即国际碳交易法律规范的非统一性、国际碳交易法律规范的非完整性、国际碳交易法律规范国际法效力的“软法性”等。

碳排放交易法律规范的这一系列特殊性，要求我们必须认真对待和研究。着手研究碳排放交易过程中的法律规则，是实施碳排放交易的基础，是对气候变化正义的追求，是对国际社会人权保护和革新的期望。尽管当前的碳排放交易法律规范，在许多方面仍有不足，特别是碳排放交易法律规范的“软法性”所带来的深度影响，但国际社会（即使是美国）也应该就国际法环境法领域规范的“软法性”以及各国在“共同但有区别的责任”原则面前的作为提出更为科学合理的改革方案。如若不然，之前国际社会在气候变化市场法律控制措施的共同努力将会付诸东流。

第三章　国际碳交易认证法律制度

国际碳交易形成和发展的五个关键因素是：减排目标和对象、交易机制、排放配额的分配、减排效果的检验、交易市场的架构与监管。而这五个要素都必须以法律的形式体现。如作为记载温室气体排放权的法律凭证，碳配额的内在价值就必须由法律条文进行明确和规范。因此，我们可以这样理解，碳减排的立法、核查与认定以及登记结算系统等都是国际碳市场产生和发展的基础，而国际碳交易市场的建立又为国际碳交易提供了支撑平台。本书第二章分析了当前国际碳交易的基本法律规范，本章将对国际碳交易的审定与核查（认证）进行分析。

第一节　国际碳交易认证及其必要性

国际碳排放进行交易的前提是，企业排放的权利得到法律的有效认证。认证的前提是审定和核查，而审定和核查的前提是认定的核查的标准。因为，这是整个碳交易体系能否付诸实践并能产生预期效果，是碳排放交易体系能否具有公信力的保证。[①] 所有的这一切都是在碳排放权——配额或信用——经企业获取，经具有一定资质的第三方机构进行核查和审计，并按照

① 中国清洁发展机制基金管理中心，大连商品交易所. 碳配额管理与交易[M]. 北京：经济科学出版社，2010：55－57.

一定的程序出具核查报告,得到真实的结果,并经权威部门认可的过程完成。

一、国际碳交易认证制度的内涵

要全面认识国际碳交易认证的内涵,首先必须对国际认证的相关制度有一个脉络性的了解和认识。认证是指由国家认可的认证机构证明产品、服务、管理体系符合相关技术规范、相关技术规范的强制性要求或者标准的合格评定活动。[①] 认证包括体系认证和产品认证。体系认证相对简单,一般的企业都能做到;产品认证涉及面广,标准也多。从这个定义来看,认证有以下特点:一是必须由国家认可的认证机构来从事这项活动;二是认证的对象是企业的产品、服务或管理体系;三是认证的方法是建立相关的技术规范和技术规范的强制性要求或标准;四是认证结果的评判是看对象的指标是否符合相关的技术规范和技术规范的强制性要求或标准。而且该定义还需说明的一点就是认证的技术性要求很强,但作为一种标准,它必须成为一种规范,而且是高级别的规范,如国家层面的强制性规范。

国际认证制度是一种从更为宽泛的层面来界定的认证制度。它是消除国际贸易中的"技术壁垒",政府和非政府的国际团体进行组织和管理的认证制度。目前,国际上尚无一个成型的国际认证制度,为冲破"技术壁垒"进行国际各类商品交易,各国一般采取以下方式:(1)采用国际上著名的标志作为双边或多边贸易中的认证制度,如英国的风筝、荷兰的 KEMA、德国的 VDE 等标志性的电器产品;(2)各国之间签订双边或多边的协议,相互承认对方的产品认证制度,或产品质量的检验结果。这是在产品、服务或管理体系方面的国际认证合作机制;(3)建立区域性或国际性的认证体系。在若干个国家签订的相互承认产品认证协议的基础上,建立区域或国际范围内比

---

① 百科名片. 认证[DB/OL]. 百度百科,http://baike. baidu. com/view/24399. htm,最后访问日 2012 - 01 - 28。

较统一的,长久性的认证制度。[①] 如世界上目前有三大标准化组织(国际标准化组织、国际电工委员会和国际电信联盟),其中国际电工委员会(IEC)共有的两个产品认证的国际组织:国际电工委员会电子元器件质量评定体系(IECQ)和国际电工委员会电工设备及元件合格评定体系组织(IECEE)等。

通过对认证和国际认证制度定义的分析,并结合国际碳交易认证的现实情形以及国际化标准组织制定的 ISO 14064:2006 和 ISO 14065:2007[②] 内容来看,国际碳交易认证是指在国际碳交易过程中,具有自身职能和行政管理的公司、集团公司、商行、企事业单位、政府机构、社团或其结合体,或上述单位中具有自身职能和行政管理的一部分(无论其是否具有法人资格、公营或私营地位),依据上述主体与被委托方(第三方认证机构)之间认可的国际化标准、区域认证标准、某国认证标准、某国际组织制定的标准等审定或核查认证规范对温室气体排放量或排放权进行系统性、独立性及文件的标准评估活动。该定义最为突出的几个特征是:一是碳交易参与认证的主体很多;二是认证的客体是碳排放权,是目前国际社会对其性质尚存争议的一种市场交易"商品";三是认证方与第三方认证机构之间是一种委托合同关系;四是认证的标准是与碳排放量指标相关的国家或国际层面的自愿或强制规范;五是认证必须是系统的、独立的文件和现场共同结合的方式。因此,必须在全面把握国际碳交易认证制度特征基础上,才能充分进行在国际碳交易市场体系下的碳产品交易。

二、国际碳交易认证的必要性

(一)碳认证是各国家、国际组织进行碳资源分配的基础条件

从宏观制度层面,国际碳交易是以国际立法的形式确定全球碳排放总

---

① 法律词典. 国际认证制度[DB/OL]. 中国百科网,http://www.chinabaike.com/law/zhishi/cd/1436303.html,最后访问日 2012-01-28。

② 关于这两个标准及其内容,本文将在本章第三节进行详尽分析。

目标下的超额排放交易，国际碳认证制度的建立是落实各国家达成限额目标，实现低碳经济发展战略的重要技术支撑和基础措施。1995 年，《京都议定书》确立了京都三机制后，在国际碳交易过程中，围绕碳市场的全面建立、碳交易的顺利进行，实施国际碳配额和排放贸易便成为全球推行“共同减排”的手段和措施。而这一手段和措施的运行基础，就是“公开、公平和公正”的碳排放评价体系。最初，国际范围内的碳评价标准体系来源，就是《京都议定书》第 3 条所规定的附件一国家在第 1 期承诺减排期内所确定的将排放量削减到 1990 年水平之下 5.2%。而在这一承诺指标指引下，对议定书附件一各国家确定了强制性的碳排放限额。实际上，它就是国际碳排放资源的一种分配方式。但它仅是各缔约方的一种承诺，各附件一国家是否做到这一点，还需要进行核查和报告。因此，《京都议定书》第 6 条第 2 款就明确要求各缔约方在第 1 次缔约会议后或在其后尽早实际可行时，为履行本条制定可行的指南，而这个指南当中就包括认证的制度。欧洲议会和欧盟理事会指令 2003/87/EC 第 14 条[①]第 1 款也规定“至 2011 年 12 月 31 日，欧盟委员会应为附件一所列活动制定排放的检测和报告规则”。从这个角度说，尽管国际社会和欧盟区域组织制定的相应的碳减排目标(限额量)，但目标的实现需要各国家的企业实体通过节能减排的措施达成，限额的节能减排则意味着占用大气二氧化碳排放资源的减少，而碳交易措施是在此基础上的市场交易超额减排量设计机制的产物，国际碳交易认证是国际碳交易进行的前提，因此，国际碳交易的实施也包含国际碳排放权资源分配的过程，国际碳交易认证就是各国家、国际组织进行国际碳资源分配的基础条件之一。没有这一前提措施，各国家、国际组织就无法确定国际碳交易的“超额排放量”。

---

① See Article 14 “Monitoring and Reporting of Emissions” of DIRECTIVE 2003/87/EC OF THE EUROPEAN PARLIAMENT AND OF THE COUNCIL of 13 October 2003.

(二)碳认证是各碳交易主体进行碳市场交易的客观需要

从微观制度层面,国际碳交易是国际市场主体之间的一种超额碳排放权的买卖行为。目前,世界上的碳交易方式大体分为配额和项目两种,前者如《京都议定书》项下的排放贸易,欧盟排放贸易体系以及芝加哥气候交易所的配额交易;后者如《京都议定书》项下的清洁发展机制和联合履行机制。但不管是京都三机制中的清洁发展机制,联合履约机制,还是欧盟强制性的排放交易制度 ETS,亦或是国际自愿减排机制等,都建立了相对完善的碳交易认证体系。这些机制都是采用第三方机构对碳交易配额和项目进行明确的具体的评价,并有权威的组织对第三方机构的能力进行审核。如欧洲议会和欧盟理事会指令 2003/87/EC 第 15 条①第 1 款和第 2 款规定,“成员国应保证经营者和飞机经营者按照第 14 条第 3 款要求所提交的报告已经按照附件五所列指标和欧盟委员会按照此条制定的条款核查;至每年 3 月 31 日,成员国应保证若其报告未能按照附件五所列指标和欧盟委员会按照此条制定的条款在当年取得满意的核查结果,则该经营者和飞机经营者不得继续转移配额”。因而,认证机构和对认证机构的认可机构都扮演着重要的第三方和权威机构的角色。它们对国家、实体、项目、产品以及服务碳排放的客观评价是各国对温室气体排放实施有效控制和管理的基础。而这种客观评价又是各碳交易主体相互之间进行各种碳交易的前提。

(三)碳认证是形成国际碳交易市场公平和公正的核心要素

从制度实施的层面来看,国际碳交易认证既是一种产品或服务或管理体系的碳排放周期内的技术规范认定行为,又是一种国际碳交易市场体系中的市场行为。说它是技术认证规范行为,是因为目前对产品或服务或管理体系的碳认证,更多地考虑这种产品或服务或管理体系的最终完成在降低碳减排上的技术审定和核查。如以产品生产为例,它“主要是以产品生命

① See Article 15 “Verification and Accreditation” of DIRECTIVE 2003/87/EC OF THE EUROPEAN PARLIAMENT AND OF THE COUNCIL of 13 October 2003.

周期分析为基础,计算产品从原料、生产、流通、消费到再回收整个周期的碳排放。国际贸易意味着更多、更长距离地运输和相应碳足迹的增加”;[①]说它是市场交易行为,是因为目前世界上主要发达国家大都对产品或服务或管理体系采取产品碳认证制度,对涉及到产品或服务或管理体系的碳排放、碳足迹[②]实施强制性认证。一般而言,这些认证的具体测试、审定和核查都是由政府认可的民间的第三方机构进行。这种情形下的国际贸易,没有第三方机构认证,一国的产品或服务想进入他国就很难达成。而且,国外的消费者也都普遍接受第三方认证的这种模式。产品或服务没有经过认证,消费者不会购买,进品商也不会采购。所以从这几层意义来讲,国际认证制度已经成为一种市场行为。[③]

作为技术规范的碳认证,是建立在一套全面系统的技术标准基础之上的。对同样的产品或服务或管理体系,不同的认证标准,带来的是不同的认证结果。作为市场行为的碳认证,一国与他国的认证机构的选定、认证标准的建立、认证实施的公正立场都可能会影响到一国与他国产品或服务的贸易。因此,无论说国际碳认证制度是一种技术规范行为,还是一种市场行为,它的实施都能决定国际碳交易的公平和公正性。而且,从国际碳交易的各类项目实施过程来看,碳认证体系为项目主体实施项目、为不同主体参与碳交易项目的市场竞争提供了公平竞争的依据和准则。

三、国际碳交易认证的作用

第三方独立的碳认证制度,在国际碳交易市场中扮演了重要的角色。

---

① 徐清军.碳关税、碳标签、碳认证的新趋势,对贸易投资影响及应对建议[J].国际贸易,2011,(7):55.

② 碳足迹,在英文中称为 Carbon Footprint,是指企业机构、活动、产品或个人通过交通运输、食品生产和消费以及各类生产过程等引起的温室气体排放的集合。

③ 矫龙.国际认证制度已经成为一种市场行为——访中国商检总公司国际认证合作部孔祥月经理[J].实时访谈,2001,(2):24-25.

它为国际碳交易监管国际组织、国际碳交易所、各国碳交易监管部门、参与碳交易的各大型或中小项目主体、各中介服务机构等主体提供了监管和参与国际碳交易的衡量标准。它所要做到的是通过第三方认证的工作，对碳配额的确定准则，对碳项目的监测、审定和核查准则、核查细则等法律规范在上述主体之间进行准确无误的实施，确保实施碳交易项目的企业实体最终可获得的“经核证的减排量”（CERs）的签发。具体而言，国际碳交易的认证制度在碳交易配额或项目交易过程中的作用主要表现在以下几个方面：（1）建立一种分配、计算和技术标准，为碳交易找到对价基准。国际碳交易是在各国政府、企业实体以及它们之间所进行的一种国际商事合同买卖行为。尽管国际碳交易客体碳排放权的属性仍存争议，但国际碳交易作为“买”和“卖”的市场对价行为是毫无争议的。在实施这种对价行为之前，需要建立相应的法律制度、必要的技术和系统支持、科学合理的方法学，以确保 CERs 准确的、客观的、真实的、一致的，并具有额外性的，①继而确保项目交易的碳额外排放量存在。基于碳排放资源的稀缺性，国际碳交易市场中企业实体项目额外碳排放量也决定着国际碳交易市场中的碳排放量的价格；（2）为各国碳排放权资源分配奠定公开、公平的原则基础。如前文所述，碳排放权资源的分配也是首先依靠国际碳认证措施，通过第三方的独立认证工作，对世界各国企业行业和实体进行监测、审定和核查，汇总得出全球碳排放总量，继而依据一个测定基准，如《京都议定书》就是以 1990 年世界碳排放总量为基，并根据“共同但有区别的责任”原则，在世界范围内划定强制减排的国家和非强制减排的国家的义务，对各国碳排放分配量进行明确。

---

① 额外性是碳交易项目实质减排的必然要求。依据《马拉喀什协定》的规定，CDM 项目活动如果实现“温室气体源人为排放量减至低于不开展所登记的 CDM 项目活动情况下会出现的水平”即具有额外性，而《京都议定书》附件一国家只有在自身减排的基础上，并通过 CDM 项目获得额外性的减排量才有资格将其和为抵消本国内高成本的减排量。See Dennis D. Hirsch, Trading in Ecosystem Services: Carbon Sinks and the Clean Development Mechanism[J]. Journal of Land Use & Environmental Law, Vol. 22, No. 2, 2007, pp. 623 – 630.

这一方法的实施是对世界碳排放资源分配的公平和公正的基础。当然,目前世界各国对碳排放资源分配认定的标准还是有不同争议的,不然就不会有美国和加拿大退出《京都议定书》的现象,也就不会在国际碳交易市场划分出强制的减排交易标准和自愿的减排交易标准;(3)推进国际碳交易和碳交易市场发展的步伐。温室气体总量指标、国际碳认证标准、认证体系和碳交易是紧密联系在一起的。温室气体总量指标通过认证标准、认证体系运作确定的,这也构成了世界各国强制减排义务和非强制减排义务的基准。同时,企业自愿减排项目最后产生的额外减排量,也是依靠第三方独立机构依据认证标准、认证体系的实施来审查和核定的,而碳交易正是额外减排量的交易。因而,国际碳认证标准的建立、完善和更科学,将会在制度和技术层面有力地推动碳排放配额分配的公正,推进企业减排项目与人类气候控制的相关性,实现企业实体减排项目内容与项目建设最初设定的内容的一致性、透明性和准确性,可以完整地对世界各国各行各业的温室气体排放进行评价和认定,从而全面推进国际碳交易与市场的发展。

第二节　国际碳交易认证机构及其法律地位

在一个项目型(比如 CDM)的国际碳交易过程中,最后的碳项目"核证减排量"的确认需要经历项目识别、谈判和签署减排量购买协议、项目设计、项目批准、项目审定、项目注册、项目实施、监测和报告、项目核查与核证以及 CERs 的签发等九个阶段。其中,涉及项目第三方认证机构主要参与的阶段有项目审定①和项目核查与核证②两个阶段。当然,真正可以称为认证的

① CDM Project Activities Request for Review, http;//cdm. unfccc. int/projects/review. html.

② Verify and Certify ERs of a CDM project activity, http://cdm. unfccc, int/projects/pac/howto/CDMProjectActivity/VerifyCertify/indec. html, 最后访问日 2012 - 1 - 28。

阶段是项目核查与核证阶段。而且这个阶段的第三方独立机构与项目审定的第三方独立机构不可以为同一个机构,除非是对小规模清洁发展机制项目进行审定和核查、核证。从一个整体项目的角度,这两者是缺一不可的环环相扣的实施步骤。

一、国际碳交易认证机构及其确认法律依据

目前,国际上的碳交易认证机构一般称之为指定经营实体。依据《京都议定书》第12条第5款“每一项目活动产生的排放削减须经作为本议定书缔约方会议的《公约》缔约方会议授权决定的经营实体根据以下各项作出证明:经每一有关缔约方批准的自愿参加;与减缓气候变化相关的实际、可衡量的长期效益;排放削减是对在无经证明的项目活动的情况下会发生的任何排放减少的额外补助”的规定,指定经营实体是《京都议定书》所确定的法律主体,其由COP/MOP指定并由CDM执行理事会委托。[①] 它是一个独立的第三方审计机构,其功能包括两个:一个是审定(评估拟议的项目是否符合所有CDM的适格条件);一个是核查与核证(项目是否已经成功地减少温室气体排放)。

在《京都议定书》所确定的京都三机制中,指定经营实体对清洁发展机制的作用最大。按一般的程序,完成CDM项目的注册还只能算是完成项目工作的一半,只能说明CDM项目减排量的取得是合法的,但最终是否具有额外减排量,则需要核查与核证。而这一切都需要指定经营实体独立完成

① 一个经营实体申请成为CDM项目指定的经营实体,应符合以下条件:(1)属于法律实体并向CDM执行理事会提供此种地位的证明材料;(2)雇用足够的能履行审定、核查与核证的人员;(3)具备开展活动所需要足够经费、保险和资源;(4)能处理其活动所引起的法律责任和债务;(5)已制定其行使职责的内部程序(职责划分和申诉程序),并予以公布;(6)具备或可以掌握清洁发展机制的模式和程序及COP/MOP有关决定中明确规定的职责所需的专门知识;(7)拥有一个能充分履行职责的管理机构;(8)没有任何关于渎职、欺诈和与其指定经营实体的职责不符的其他行为的未结司法诉讼。参见周亚成,周旋.碳减排交易法律问题和风险防范[M].北京:中国环境科学出版社,2011:57-58.

其工作职责来做到的。可以这么说,它是整个清洁发展机制实施监督和核查的最为重要的机构,其通过 CDM 执行理事会对 COP/MOP 负责,并应遵守《清洁发展机制的模式和程序》以及 COP/MOP 和 CDM 执行理事会所作有关决定中规定的模式和程序。

而根据《清洁发展机制的模式和程序》的相关规定,指定经营实体具有以下职责:(1)审定提议的清洁发展机制项目活动;(2)在履行审定和核查核证职责时,遵守项目活动所在缔约方的适用法律;(3)核查核证温室气体人为源排放量的减少;(4)表明其本身及其分包商与被挑选从事审定或核查核证工作的清洁发展机制项目活动参与方没有实际的或潜在的利益冲突;(5)针对特定的清洁发展机制项目活动履行审定或核查核证职责;(6)向 CDM 执行理事会提交年度活动报告清单;(7)公开其审定、核查核证过的所有清洁发展机制项目活动清单;(8)按照 CDM 执行理事会的要求,公开从项目参与方所获得的信息等。而为履行上述职责,指定经营实体一般对 CDM 的核查与核证采用文件审查和现场评审两种方式。前者主要是对项目参与方自查、自测的文件报告进行审计;后者则是通过指定独立经营实体的现场评审来审定以下内容:项目是否按照注册成功的 PDD 实施和运营;监测数据的产生、审计和报告过程是否合乎规范;操作过程和数据记录是否和 PDD 所述一致;根据方法学和 PDD 核查项目监测设备的频率和校验报告等核实项目参与方的报告信息是否真实;检查项目计算减排量的数据和计算过程是否科学合理等。

二、国际碳交易认证机构的法律地位

对于国际碳交易认证机构的法律地位,如果以简单方式描述,它就是独立第三方民间机构,是由 COP/MOP 指定并由 EB 委托。对于国际碳交易认证机构的这一独立法律地位的确定,还可以从以下几个方面来来作出有法律根据的回答:一是可以依据《京都议定书》第 12 条第 7 款“作为本议定书缔约方会议的《公约》缔约方会议应在第一届会议上拟订程序以期通过项目活动的独立审计和核查确保透明度、效率和会计责任”，并依据上述提到第12条第5款关于指定经营实体的法律主体地位来源确定；二是可以比照欧洲议会和欧盟理事会指令2003/87/EC第14条①第2款关于“规则应明确对信息进行独立核查的要求”的规定和15条②第1款关于“成员国应保证经营者和飞机经营者按照第14条第3款要求所提交的报告已经按照附件五所列指标和欧盟委员会按照此条制定的条款核查”的规定以及该指令附件五A部分方法学关于核查者最低能力要求：“核查者应相对经营者独立、合理和专业的进行工作且能够理解(a)本指令的条款，以及欧盟委员会执行第14条第1款采纳的相关标准和指南；(b)与被核查活动相关的法律、法规和行政要求；和(c)设施各排放源信息的出处，特别是关于数据的搜集、测量、计算和报告”的规定等确定；三是可以参照《清洁发展机制的模式和程序》关于指令经营实体的法定职责之一“表明其本身及其分包商与被挑选从事审定或核查核证工作的清洁发展机制项目活动参与方没有实际的或潜在的利益冲突”的规定来分析确定。

三、国际碳交易认证的法律关系

(一)上海太比雅环保有限公司(以下称太比雅公司)起诉挪华威认证有限公司(以下称挪华威公司)一案

1. 太比雅公司诉挪华威公司一案始末。该案始于2008年，浙江能源集团华光潭水电有限公司(以下称华光潭公司)与太比雅公司签订协议，前者委托后者运作CDM碳减排交易项目。按照联合国对《京都议定书》清洁发

① See Article 14 “Monitoring and Reporting of Emissions” of DIRECTIVE 2003/87/EC OF THE EUROPEAN PARLIAMENT AND OF THE COUNCIL of 13 October 2003.

② See Article 15 “Verification and Accreditation” of DIRECTIVE 2003/87/EC OF THE EUROPEAN PARLIAMENT AND OF THE COUNCIL of 13 October 2003.

展机制项目的程序规定，太比雅公司必须提交材料给联合国指定的认证机构，由后者签发自愿减排额度，太比雅公司的委托任务才能顺利进行。于是，太比雅公司选定挪威船级社在北京的公司——挪华威公司为认证机构，并于2008年11月13日与挪华威公司签订了《气候变化服务协议》（以下称“协议”）。该协议约定，挪华威公司应于2009年11月19日前向太比雅公司提供审定意见。2009年3月，项目正式启动。其间，华光潭公司和太比雅公司按照挪华威公司的要求，提供各种材料和证据文件。但挪华威公司却无限拖延了时间，不但没有在约定期限内向太比雅公司提供审定意见，还捏造了一份日期倒签否定意见书，以致华光潭公司项目错过了申请自愿减排项目的时限。2010年9月，太比雅公司一纸诉状将挪华威公司告上法庭。挪华威最初提出“管辖权异议”。2010年11月26日，北京朝阳区法院正式驳回了挪华威公司关于案件审查“管辖权异议”的申请，确定该案将在中国境内审理。2011年4月14日上午，该案在北京朝阳区法院开庭；[①]2011年8月3日，朝阳法院以被告主体不适格驳回了原告的诉讼请求。[②]

2. 太比雅公司诉挪华威公司一案的法律关系。在该案中，涉及三个公司，即三个参与CDM审定的公司，华光潭公司、太比雅公司和挪华威公司。三个主体之间都是通过委托代理协议建立起联系：华光潭公司和太比雅公司的关系是前者委托后者进行CDM项目的运作，按照这个委托合同，太比雅公司需要按照《京都议定书》所设定的九个程序逐步进行并最终获得EB的CERs签发才算是完成了委托任务；太比雅公司和挪华威公司的关系是前者委托后者进行华光潭公司CDM项目的审定，这是华光潭公司CDM项目

① 杨斯. 中国碳减排行业第一案在京开庭[DB/OL]. 正义网，http://news.jcrb.com/jxsw/201104/t20110414_529542.html，最后访问日期2011-11-27。

② 李彤. “中国碳减排第一案”一审落槌[DB/OL]. 北方网，http://news.enorth.com.cn/system/2011/08/14/007126573.shtml，最后访问日期2011-11-27。

进行后续核查和核证的最为重要的一个内容，而且如果该项目并非是小型CDM项目，挪华威公司还不能从事后续的核查和核证工作。该案庭审争议的焦点是太比雅公司认为挪华威公司“未能在约定的期限内履行义务”，且“涉嫌合同审定日期倒签”，而作为被告的挪华威公司依据双方所签协议认为其“为挪威船级社在中国的分包商，不是气候协议的合同主体，因此不是案件的适格被告”提出抗辩。最终法院采纳了被告的意见。

（二）国际碳交易认证法律关系的性质

国际碳交易的认证包括核查和核证环节。应该说，按照CDM的实施程序，国际碳交易的认证阶段是在审定阶段之后。在指令经营实体对CDM各个阶段相互增进的发展关系过程中，如果两个阶段的指令经营实体并没有发生改变，那么审定和核查核证阶段的主体未变，认证的对象未变，方法学未变，也会符合CDM项目要求的“一致性”原则，不会随意发生变动。这样，上述案件的审定法律关系到了核查核证阶段会同样是通过委托代理协议构建起来的委托代理法律关系，只是第三方认证代理的内容不同。

第三节　国际碳交易认证程序及其科学性

国际碳交易的认证程序，在整个的碳交易项目中，只是其中的一个阶段，一个环节，但却扮演着极其重要的角色。国际碳交易的认证标准和程序，关乎碳交易过程中的体系统一和客观公正性。但目前的情形是，世界上的碳认证标准并非统一的。有必要对碳认证的组织、机构、标准以及机制进行系统化构建。

一、国际碳交易认证的标准和程序

(一)碳认证标准

任何一个认证体系,必须建立一套完整认证标准,才能保证认证的客观性和公正性。目前比较常用的认证标准有黄金标准、国际标准化组织(ISO)于2006年制定的组织层次上对温室气体排放和清除的量化和报告的规范及指南(ISO 14064-1)、[1]项目层次上对温室气体减排和清除增加的量化、监测和报告的规范及指南(ISO 14064-2)、[2]温室气体声明审定与核查的规范及指南(ISO 14064-3)[3]和2007年制定的温室气体确证与查证机构认证规范(ISO 14065)。[4] 另外,随着美国自愿减排交易体系在全球的推广、各国际碳交易所的相继建立,在全球范围内建立了各种碳认证标准多达几十种,比较有影响的有美国碳注册(ACR)标准、CarbonFix 标准、芝加哥气候交易所(CCX)补偿计划等。本书将对这些碳认证标准进行分析、比较和评析。

1. ISO 14064-3。在 ISO 14064-1、ISO 14064-2 和 ISO 14064-3 三个温室气体核定标准中,ISO 14064-1 和 ISO 14064-2 涉及组织层次上和项目层次上关于温室气体排放和清除的量化和报告的规范及指南。该两项标准工作在项目的实施上,一般是由碳项目主体参与者实施的。而只有ISO 14064-3才真正是由独立第三方经营实体进行审定和核查核证的标准。

ISO 14064-3 由范围、术语和定义、原则、审定与核查要求四部分正文内容和附件 A 组成。它详细规定了 GHG 排放清单核查及 GHG 项目审定或

---

① See Greenhouse gases - Part 1: Specification with guidance at the organization level for quantification and reporting of greenhouse gas emission and removal.

② See Greenhouse gases - Part 2: Specification with guidance at the project level for quantification, monitoring and reporting of greenhouse gas emission reductions or removal enhancements.

③ See Greenhouse gases - Part 3: Specification with guidance for the validation and verification of greenhouse gas assertions

④ See Greenhouse gases — Requirements for greenhouse gas validation and verification bodies for use in accreditation or other forms of recognition.

核查的原则和要求,说明了 GHG 的审定和核查过程,并规定了其具体内容,如审定或核查的计划等。组织或独立机构可根据该标准对 GHG 声明进行审定或核查。这是一个在全球范围内可以推广的碳认证标准,世界上其他的组织、碳交易所及各国家都可以参照该标准制定本组织或国家切实可行的实施标准。

2. ISO 14065。国际标准化组织于 2007 年 4 月 15 日推出规范温室气体排放的新工具:ISO 14065。这是一个对使用 ISO 14064 或其他相关标准或技术规范从事温室效应气体用于认可的确认和验证机构的规范及指南,是对 ISO 14064 的补充。即在 ISO 14064 为政府和组织提供能够测量和监控温室效应气体(GHG)的减排要求的同时,ISO 14065 为采用 ISO 14064 或其他相关标准或规范进行 GHG 确认和验证的机构提供规范及指南。

ISO 14065 标准由适用范围、参考的标准文件、名词与定义、原则、一般性要求、能力、沟通与记录、确认和查证过程、申诉、抱怨、特别确证或查证、管理系统共 12 部分正文内容和附件 A、附件 B、附件 C、附件 D 四个附件组成。应当说,在国际碳交易认证的体系中,ISO14065 是一个内容非常完整,且比较科学的一个标准。

3. VER 黄金标准。黄金标准是由日内瓦的一个非营利性基金会管理的一项认证标准,其在合规市场及自愿市场对可再生能源及节能碳补偿项目进行认证。它是 2003 年由世界自然基金会(WWF)和其他非政府组织(NGO)建立。目前,全世界已经有 70 个 NGO 支持并已签署黄金标准。

4. 熊猫标准。熊猫标准是专为中国市场定制的第 1 项标准。该标准由中国北京环境交易所和 BlueNext 制定,于 2009 年 12 月 16 日在哥本哈根皇家假日酒店内首次发布。该标准旨在为发展中国的碳交易市场做准备,并为早期的国内推动者提供投资工具。

5. 其他碳认证标准。(1)美国碳注册标准(ACR)。1996 年,由温洛克国际的一家非赢利公司制定出 ACR。同时,它是环境保护基金和环境资源信托的 GHG 注册处。该标准包括 3 项子标准：ACR 标准 v2.1、森林碳项目标准 v2.1 以及禽畜废物管理标准 v1.0；（2）CarbonFix 标准。2007 年，CarbonFix 开发出新标准。该标准适用于与造林、重新造林、自然再生和农林间作有关的项目，这些项目拥有经过证明的社会经济与生态责任承诺；（3）温室气体服务标准。2007 年以来，由通用电气能源金融服务与 AES 公司联合经营，已经发布了四种研究方法：煤层气、垃圾填埋气管理、废水处理和农业废料管理。每种碳排权交易的研究方法都是在 ISO 14064 标准和 WRI/世界可持续发展商业理事会（WBCSD）指南的基础之上完成；①等等。

（二）碳认证程序

国际碳认证程序是第三方独立经营实体依据与项目参与方的服务合作协议，采取相应的认证标准认证方法，对碳减排项目进行审定和核查核证的过程。不同的碳交易项目，可能采取不同的认证程序和不同的方法学，但它们在认证的基本原则和目的上是比较一致的。下面以 ISO 14064－3 和 ISO 14065②确定的碳交易项目认证程序为例来说明目前的国际碳交易项目认证程序。

ISO 14064－3 对项目的审定和核查程序进行了非常清楚的规定。具体措施为实施以下两个步骤：（1）第三方独立指令经营实体与项目参与方商定审定与核查的保证等级、目的、准则和范围、实质性等各项指标内容；（2）指令经营实体采取的审定或核查的途径。通过这一过程达成指令经营实体能对下列内容审定或核查：审定员或核查员应对组织或项目的 GHG 信息进行评审，以评价其代表委托方所从事的审定或核查活动的性质、规模和复杂程度；责任方的 GHG 信息和声明的置信度；责任方的 GHG 信息和声明的完整

---

① Bloomberg. 全球 2011 自愿碳市场现状［DB/OL］. 新能源财经，http://www.ditanshijie.com.cn/NewsUltimate.action? newsId＝6428，最后访问日 2012－01－30。

② See Greenhouse gases － Part 3: Specification with guidance for the validation and verification of greenhouse gas assertions and Greenhouse gases — Requirements for greenhouse gas validation and verification bodies for use in accreditation or other forms of recognition.

性;责任方参与 GHG 方案的资格。另外,指令经营实体还需审定计划或核查计划、对 GHG 信息系统及其控制的评价、对 GHG 数据和信息的评价、根据审定或核查准则的评价、对 GHG 声明的评估等。

ISO 14065 在其正文的第 8 部分明确了指令经营实体审定和核查核证的过程,包括事前准备、接触、审定和核查核证、审定和核查核证声明四个过程。其中,事前准备包括公正性,即指令经营实体应对可能的客户所提供的资料进行审查,以依据公正性评判标准来决定可能对公正性有影响的潜在风险;能力,即指令经营实体应对可能的客户所提供的资料进行审查,以依据能力标准对完成任务的人员、能力及资源进行评判;协议,即指令经营实体应与项目参与方签订可以执行的合法的协议,且该协议应必须将 ISO 14064 -3的要求事项纳入考量;指派小组负责人,即指令经营实体应依据要求指派审定和核查核证工作人员。接触包括选派审定和核查核证小组、与项目参与方的负责人洽谈、制定周密的计划等。审定和核查核证是指指令经营实体对项目参与方的报告及现场审定和核查后,来评判项目参与方的项目实施是否符合 ISO 14064 -3 的要求以及 ISO 14065 的资讯审查、审定和核查计划以及取样计划等内容。审定和核查核证声明则是在通过审定和核查后,指令经营实体对外公开发布的表明已经完成审定和核查核证工作,并表明该项审定和核查核证工作符合 ISO 14064 -3 的要求并按审定和核查服务协议的内容完成的结论报告。

二、国际碳交易认证法律制度的缺陷及其矫正

(一)国际碳交易认证法律制度的缺陷

1.碳认证标准的不统一,可能造成国际碳交易的市场分割。通过对国际碳交易认证标准和程序的分析、比较和评价,可以看出,目前的国际碳交易标准多达几十种,比较普遍适用的标准都有十五六种,如前文所提到的

ACR、CarbonFix、CCX、GHGS、ISO 14064/14065、黄金标准、熊猫标准等。[①] 在这每一个标准的背后，站着制定标准的希望主导碳排放交易市场话语权的不同的主体，有国际组织、国际碳交易所、各国家机构。他们的目的和努力是希望他们所制定出来的标准在全球范围内得到认可和适用。但制定标准的侧重点不同，制定的标准规范存在差异，就可能会导致在适用标准时形成各个交易主体争夺市场话语权，甚至形成对立的局面。这种多标准的状况不利于国际碳交易市场的统一和大发展。

2. 碳认证标准的不规范，可能成为技术性贸易壁垒。世界贸易组织认为，国际标准和合格评定程序能为提高生产效率和便利国际贸易作出重大贡献。但是，它在国际碳交易过程中的应用具有“双刃”功能：以一种客观、真实、科学且能确认实质性减排的碳认证为准则，将能有效推动国际碳交易项目的发展，而且会在全世界范围内形成通用的标准模式，实现国际碳交易市场的统一；但如果碳认证标准并非透明的、科学的，第三方独立认证机构却运用了该标准，则不会产生高质量的核证减排量，也就不会产生实质的碳减排效应。基于这种原由，各国际组织、各国际性的碳交易所以及各国家相继向世界发布他们研究出来的碳认证标准。发达国家在国内推行碳认证的风气更甚，对其国内生产和消费将带来越来越大的影响。由于发达国家具有较高的技术水平，且西方公众和消费者也越来越认可和接受低碳和绿色消费，在碳排放方面有能力出台高于国际标准的国家标准。而随着这些国家标准的国际化，未来有可能发展成新型的技术性贸易壁垒，给国际贸易带来更大的冲击和损害。[②]

（二）国际碳交易认证法律制度的矫正

无论是配额的或是信用的碳交易，对碳排放交易的基础是对产生额外

---

① Bloomberg. 全球 2011 自愿碳市场现状[DB/OL]. 新能源财经，http://www.ditanshijie.com.cn/NewsUltimate.action? newsId = 6428，最后访问日 2012 - 01 - 30。

② 徐清军. 碳关税、碳标签、碳认证的新趋势，对贸易投资影响及应对建议[J]. 国际贸易，2011，(7)：55.

碳减排的科学认定。国际碳交易认证法律制度的规范、精细、科学化将有助于这一目的实现。当然,作为一种标准制度的设定,总会存在不足。因此,有必要在以下几个方面对目前的国际碳交易认证制度进行完善。

1. 加强对碳认证体系的重视,加大对碳认证标准体系的研究,实现碳认证法律规范的统一。国际碳交易市场的发展,意味着国际碳交易认证制度实施范围、力度和广度的扩展。特别是,随着国际碳交易作为一种新型的国际贸易产品交易,要融入世界贸易体系中,就必须建立起自己的信用担保机构和信用体系。依世界贸易组织的通行规则,这就要求国际碳交易市场必须建立相应的碳认证机构和认证制度体系。例如,国际标准化组织在温室气体减排的认证标准体系建立过程中,于 2006 年颁布实施了ISO 14064 - 1、ISO 14064 - 2、ISO 14064 - 3,接着为补充ISO 14064的实施,特别是对 ISO 14064 - 3 的完善,于 2007 年制定出 ISO 14065;而且他们还与时俱进,在此前的基础上,于 2008 年 1 月和 4 月分别召开了两次会议,研究"产品碳足迹国际标准"(ISO 14067)。[①] 这样,就可以通过 ISO 14067,来完善整个国际标准化组织对温室气体排放的衡量和监管。在一个国际碳交易项目中,不但有对碳项目参与者自身和碳项目进行核查的标准 ISO 14064 - 1 和 ISO 14064 - 2,还有第三方独立认证机构对碳项目进行审定和核查核证的标准 ISO 14064 - 3 和 ISO 14065,更有第三方独立机构在进行审定和核查时所需要的量化计算和沟通标识 ISO 14067,从而实现对碳认证标准的科学化、体系化和碳认证标准适用的最大广泛性。

2. 国际碳交易认证标准的适用应充分考虑国际的接轨,促进国际碳交易,实现世界碳交易及其市场的自由化发展。当前国际碳交易认证标准的

---

① ISO 14067 是国际标准化组织为解决"碳足迹"具体计算方法而制定的标准。标准适用于商品或服务(产品),主要涉及的温室气体包括京都议定书规定的 6 种气体和蒙特利尔议定书中管制的气体等,共 63 种气体。该标准主要包括两大部分:(1) ISO 14067 - 1:Quantification(量化/计算);(2) ISO 14067 - 2:Communication(沟通/标识),目的在于使碳足迹排放信息具有可比较性。目前该标准还在筹备中,尚未颁布。

多样性，对积极参与国际碳交易项目的主体来说，在选定碳项目的认证标准方面存在较大的困难。因为，参与碳项目主体选定的认证标准要和第三方独立认证机构选定的认证应当是一致的，否则就不会产生一致的、科学的、具有实质性功能的额外碳排放。但不管有多困难，国际碳交易在朝前发展，国际碳交易的认证标准也应当与国际接轨，实现认证标准的全球统一。否则，会给国际碳交易带来一系列的困绕。如此前国际碳足迹的认证标准有世界资源研究所（WRD）与世界企业永续发展协会（WBCSD）评估标准、英国的产品和服务生命周期温室气体排放评估规范（PAS2050）①以及日本的碳足迹技术规范（TSQ0010）等，由于国际间各种版本的评估标准对碳足迹的认证方式皆有差异，使得贴有碳标签的商品外销后，因碳足迹评估标准的不同，造成商品滞销或被打回票。正因如此，目前参与国际碳交易项目的企业实体都希望集合环境标志与宣告、商品生命周期分析、温室气体盘查等内容的 ISO14067 能尽快颁布。② 也只有碳交易认证标准的接轨和统一，才能促进国际碳交易项目的蓬勃发展。

3. 坚持国际公正原则，从国际层面加大立法，将国际碳交易的认证标准立法化。强调国际碳交易认证标准的国际层面规范和统一，并不意味着放弃国际碳交易发展过程中的"共同但有区别责任"原则的实施。南北世界发展的不平衡，决定了南北世界中的国家在碳减排的资金、技术以及其他的资源分配方面存在着很大的差异，也就决定了发展中国家在发展经济与合理减排的目标上存在博弈，其在适用碳认证标准的选择上与发达国家总会存在这样或那样的分歧。这是历史造成的现状，也应当以历史的眼光，站在国际公正的立场，均衡创设发达国家与发展中国家在适用碳认证标准上的评

① See PAS2050：Specification for the assessment of the life cycle greenhouse gas emissions of goods and services.

② hattie. 碳足迹计算国际评估标准将于明年推出［DB/OL］. 中华显示网，http://www.chinafpd.net/news.aspx? id=832，最后访问日 2012-2-2。

价体系。同时,应从国际层面加大立法,建立强制性的标准化碳认证体系。当然,在该标准化的碳认证体系中明确发达国家与发展中国家灵活运用该碳认证标准的尺度显得尤其重要。

第四节 小结

一个国际碳交易项目只有通过审定程序,才能成为可行的合法的 CDM 项目或 JI 项目。而 CDM 项目或 JI 项目经过有关国家指定的权力机构批准在 EB 获得注册后,碳交易项目的参与方应该从 COP/MOP 指定的经营实体(DOE)[①]名单中挑选一家并签订气候变化服务合同,委托其进行碳交易项目的核查核证。指定经营实体借助于国际碳交易的认证标准,除了其在审定阶段要对项目参与方所提供的报告进行核查外,还需到项目参与方所实施的项目现场进行检测和核定,找出该项目在实施过程中的差异性、实质性碳减排的量,从而向碳项目参与方出具该项目认证报告以使碳项目参与方可以向 EB 申请"核证的减排量"。因此,实施碳项目的认证(审定和核查核证)是进行碳交易项目的两个必然程序,而碳项目的认证标准是衡量最后获得"核证的减排量"的法定依据,是决定碳交易项目成功的科学准则。

当前,国际上的碳认证标准多达几十个,不同的碳认证标准存在较大的差异性。碳交易项目采纳不同的标准,可能带来的认证结果也会不一样,甚至可能导致整个碳交易市场的分割和产生国际碳交易市场的技术性壁垒。

① 到目前为止,COP/MOP 指定并由 EB 委任的经营实体有挪威船级社(DNV)、南德意志集团工业服务有限公司(TUV SUD)、德国莱茵 TUV 集团(TUV Rheinland)、日本品质保证机构(JQA)、英国 SGS 公司(SGS)、中国质量认证中心(CQC)、中环联合认证中心有限公司(CEC)等 40 家指定经营实体。参见国家发展改革委应对气候变化司. CDM 执行理事会第六十五次会议情况简报 2011 - 12 - 31[DB/OL]. 中国清洁发展机制网,http://cdm.ccchina.gov.cn/web/main.asp? ColumnId = 4,最后访问日 2012 - 02 - 06。

为此,在国际碳项目交易发展中,需要从立法层面,对国际碳认证的标准进行研究和细化,建立一个或少数几个精准的科学的认证标准,并在适用上充分考虑发达国家与发展中国家的现实性状况,以保障国际碳交易项目认证的公平与公正。

第四章　国际碳交易合同法律制度

国际上的碳交易，表现为两种形态，即配额型交易和项目型交易。从法律形成机制来看，又可分为京都机制下设定的碳交易和非京都机制下设定的碳交易。前者有三个机制，即碳排放贸易（ET）、联合履行（JI）、清洁发展机制（CDM）；后者为自愿减排交易体系，分为自愿总量限制交易方式和柜台交易方式。相对应每一种交易机制或方式，都存在制定的碳交易合同及其对应的法律问题。

第一节　国际碳交易合同的基本内涵

一、国际碳交易合同的概念和种类

（一）国际碳交易合同的概念

国际碳交易合同是指地处不同国家的买方按照京都机制设定的或自愿交易体系约定俗成的目的，而与为获得资金或技术的他国卖方签订的以碳排放配额或信用为标的的买卖协议。依交易体系的不同，交易主体、标的、类别的多样化，国际碳交易合同的种类繁多，范围十分广泛。总体来说，在国际碳交易法律范畴内，国际碳交易的合同规定了碳交易主体之间的权利和义务，保证碳排放配额或信用在各个不同国家之间顺利地流转，是国际碳交易最基本的法律文件。在国际上,所有的碳交易都采用了书面的合同模版。

（二）国际碳交易合同的基本特征

一般来说,国际商品贸易的合同具有国际性、标的特殊性、交付的特殊性、法律适用的特殊性、涉外性等特征。尽管国际碳交易合同所约定的商品,是一类新型的商品——碳排放权,但在国际碳排放交易市场形成后,该类商品将成为一类较通用而又特殊的金融性商品,在形成合同内容的同时,也就形成了碳交易合同的本身特性:(1)国际性。显而易见,国际碳交易合同的主体将会在不同国度的“营业地”之间进行交易。也许目前我们不能完全用国际商品交易合同的“营业地”这种划分标准来区分国际碳交易合同的这一特征,但主体跨越国度的交易也是事实;(2)标的特殊性。所有的国际碳交易是碳排放权的交易,即在京都机制条件下三种机制或自愿减排体系确定的不同国度之间的碳排放权的转让,包括配额或信用两种形式的标的。这种标的自始至终就没有实在物,没有法律的强制或自愿的约定,碳排放权就不可能作为交易标的;(3)交付的特殊性。针对国际碳交易合同标的特殊性,为保障国际碳交易体系的顺利完成,相关国际碳交易交易所平台、柜台交易平台根据国际规则、各种区域及国内规则,特别建立了各种登记册,并在其间设立了签发、持有、转让、获取、注销配额或信用的各种账户,并设置了国际交易日志(ITL)、欧盟共同体独立交易日志(CITL)、各国碳交易登记日志(如德国于2004年在联邦环境保护局下设立的德国排放交易处,就是负责排放权的确定、发放和进行排放交易登记的机构)等保证配额或信用在不同账户之间进行流转的电子系统,从而使得国际碳交易的交付完全不同于普通的国际商品交易,即该标的交付是在账户所有人的指示下通过电子流转系统完成的。当然,该系统的正常运行有赖于电子系统硬件设施的正常。因此,为避免一些由于系统硬件故障所造成的不利情形,在国际碳交易合同中有必要对这一情形进行相应的规定或约定;(4)法律适用的特殊性。

在国际碳交易合同中，适用京都机制的碳交易（ERUs、CERs、AAUs 的交易），适用的法律条款首先必须是《京都议定书》所设定的相应机制条款，即《京都议定书》的第 6 条（JI）、第 12 条（CDM）和第 17 条（ET）的规定及其 EB 所设定的相关交易规则；非适用京都机制的碳交易，如欧盟碳排放交易，则适用欧盟排放交易体系规则第 23 条及其他相关规定，自愿减排交易体系则适用各交易所制定的交易规则。着重指出的是，就 CDM 中的 CERs 交易，大多数买家来自欧洲的发达国家，而这些国家又以英国法作为国际贸易领域适用法的情形较多，因此在国际碳交易合同的谈判过程中，买家经常会采纳按照英国法所制定的标准模板来签订合同，并且相应条款也会根据英国法的规则确立；[①]（5）涉外性。鉴于国际碳交易主体位于不同国家，交易的场所位于不同国家，调整国际碳交易合同的法律源自国际条约、协定、规则或区域性规则（在具体的环节还可能涉及国内法），可以认定国际碳交易合同具有明显的涉外特征。

（三）国际碳交易合同的种类

国际碳交易合同划分的标准不同，类别也就不同。具体来讲，国际碳交易合同有以下种类：（1）按照交易主体划分，国际碳交易合同主要有两类：一是政府之间的买卖协议，如《京都议定书》附件一国家政府之间关于 AAUs 的交易合同，欧盟碳排放交易体系下各国之间关于 EUAs 的交易合同等；二是政府、国际组织与私人实体之间的买卖合同，如《京都议定书》附件一国家政府与非附件一国家 CDM 项目业主之间的 CERs 交易合同，附件一国家或国际组织与 JI 项目实体之间关于 ERUs 交易合同等；（2）按照交易标的划分，尽管国际上只有配额或信用两种，但由于根据国际条约、协定、规则、国内规则以及交易所规则所创制的配额或信用有所区别，使用按该方式划分的合同种类繁多。如在京都机制条件下的 ERUs、CERs、AAUs 的交易合同，

① 周亚成，周旋. 碳减排交易法律问题和风险防范[M]. 北京：中国环境科学出版社，2011：86.

在欧盟排放贸易体系下的EUAs的交易合同,在芝加哥气候交易所平台下的碳金融工具CFI的交易合同等;(3)按照交易类型,国际碳交易合同可以分为两类:一类是现货交易合同;一类是衍生品交易合同。前者包括即期交易合同、远期交易合同和交易所现货交易标准合约等;后者包括期货标准合约、期权标准合约等。依照不同交易标的在交易过程中呈现的特殊性,不同标的的交易合同可选择最适当的现货或远期、期货或期权交易合同。如CERs一级市场中,适用较多的是CERs远期交易合同;CERs二级市场中,适用较多的则是交易所现货标准合同、期货或期权标准交易合同。

二、国际碳交易合同的订立程序

各国合同法及国际统一法普遍认为,合同是当事人之间意思表示一致的结果。达成"意思一致",既是合同当事人订立合同的过程,也是合同成立的必然要求。国际货物或商品、服务交易合同的订立,往往是通过交易磋商机制形成,即通过询盘、发盘、还盘与接受四个环节。国际碳交易合同作为一种特殊类型的新型合同,尽管具有许多的特殊性,但不可否认的是,作为交易合同同样需要经过上述环节;而且不仅如此,碳交易合同通常有直接交易的合同,也有基于碳项目形成的碳交易合同。就后者来说,在建立碳交易合同时,为碳排放权形成的碳项目融资、碳项目开发、碳项目排放权的核定或认证等也成为碳交易合同的一部分。而这,也成为国际碳交易合同法律方面的难点。

目前,国际上订立碳交易合同的步骤与其他的国际贸易合同没有多大差别,只是在以下几个方面具有合同订立的特殊性:(1)国际碳交易合同协商与谈判的主体众多。国际碳交易事关各国之间履行国际承诺和义务,无论是京都机制下的交易,还是非京都机制下的交易,双方都必须有一个磋商与认同的过程。而且出于对国家主权、国家利益的充分考虑,谈判的机制往往采取买卖双方私下会面协商并订立合同的形式,并且在技术上进行了较为周到的安排，如国际碳交易购买意向书的设定。另外，参与国际碳交易协商与谈判的主体，除了作为买家的各国家、企业实体外，还有作为碳排放权投资的各种碳基金和银团，如世界银行原型碳基金（PCF）、荷兰 ING 银行等作为买家进行碳交易，且表现出明显的积极性；（2）国际碳交易合同大量采用招投标的方式。即在订立碳交易合同前，买家或卖家针对碳排放权交易对象采取招投标的方式确定。如有一些东道国的项目业主采取招投标的方式选择买家进而签订 CERs 交易合同；有一些国际买家如荷兰政府、比利时政府等也采取招投标的方式购买 ERUs 或 CERs。荷兰政府专门设立核证减排量的采购招标计划（CERUPT），由荷兰住宅、空间规划和环境部（VROM）指定森特公司专门负责 CERUPT 的招标工作。比利时联邦政府已经开展了三次 JI/CDM 招标工作。招标分为两个阶段：意向申请阶段和项目建议书阶段。意向申请阶段要求有意参与招投标的主体提交五项文件，即意向信、最近三年的年度报告、年度报表、资产负债表及损益表，并在比利时联邦政府 JI/CDM 项目组评定为前 20 位的主体才有资格作为候选者进入第二阶段；项目建议书阶段要求进入第二阶段的候选人提交项目建议书，包括说明信、交付计划及可持续性分析等。只有经过第二阶段筛选的主体才可以与比利时政府进行谈判并签订减排量采购合同；①（3）国际碳交易合同订立的形式越来越简化，大多是围绕国际碳交易平台设定的规则和标准合约进行。为快速推进京都机制下的三种碳交易机制、欧盟排放权交易机制以及各类自愿减排碳交易机制的形成与有序，各国际碳交易所创设了各种交易的简化规则，并创设了各种配额、信用的现货、期货、期权等标准合约，从而更加高效、安全、经济，为交易主体节省成本、有效控制风险创设了规范的模式。

---

① 周亚成，周旋. 碳减排交易法律问题和风险防范［M］. 北京：中国环境科学出版社，2011：88-89.

三、国际碳交易购买意向书

购买意向书泛指合同双方在缔结正式协议前就协商程序本身所达成的各种约定。合同双方通常会将他们就未来合同条款已达成的部分谈判成果作为谈判进程的记录纳入意向书,如在核证减排量购交易中使用的“条款清单”(Letter of Intent or Term Sheet)。这种“条款清单”,不仅是国际上平等交易当事人之间为日后订立正式的碳排放交易合同所作的程序性准备,而且具有明确权利义务的合同条款,如排他性条款或独占协商条款、诚信协商条款、保密条款、纠纷解决条款、违约责任条款、语言条款、缔约费用分担条款等,如果没有特别说明,这些条款都具有合同上的法律效力,对合同双方当事人都有拘束力。① 当然,鉴于国际碳排放权交易合同,特别是项目性合同的长期性、不确定性等特殊因素,是否将意向书首先就明确为具有法律效力的碳交易前期合同,是值得慎重考虑的。

第二节　国际碳交易合同的法律属性

总量控制的交易模式是国际气候变化条约下对气候损害税控的一种替代方式,较之税控更具有效率和公平性。但不管是税控模式,总量控制的交易模式,还是别的什么模式,“都是国际社会和各国针对气候变化的政策调控措施,世界各地的政府(或至少是所有主要问题的促成国政府)都有必要协调上述政策,而且往往是通过协议来实现的”,②以便各政府是在利益共

---

① 周亚成,周旋.碳减排交易法律问题和风险防范[M].北京:中国环境科学出版社,2011:89-92.

② [美]埃里克·波斯纳,戴维·韦斯巴赫.气候变化的正义[M].北京:社会科学文献出版社,2011:2-3.

享、协调一致的基础上完成上述政策的目标。因而,国际碳交易合同的形成及其运行,作为微观的市场碳交易机制的书面形式(规定),不但脱离不开国际碳交易合同的相关规则、示范文本要求,更脱离不开国际社会关于碳交易的条约原则、机制规定要求,反映出国际商事合同形式、内容、履行特性的一面,同时也具有国际条约遵守及国家责任义务的一面。

一、国际商事合同的平等交易性

(一)国际碳交易合同是典型的国际商事合同

在其本质上,国际商事合同是国际上关于商品流转关系的法律规范文本。目前,有关国际商事合同的适用法律有《联合国国际货物买卖合同公约》、《国际商事合同通则》、《国际贸易术语解释通则》、《欧洲合同法原则》等。尽管从国际碳交易平台的相关规则和一些示范性文本的规定来看,国际碳交易合同不适用上述国际法律规范。[①] 但不可否认的是,国际碳交易的标的"碳排放权"是作为一种碳资产、碳权利而成为国际性可流转的商品来进行交易的。从国际碳合同的主体条款来看,该类合同的条款约定及其程序规定与国际商事合同的条款约定及其程序规定并无本质上的区别,如同样需要买方和卖方前期协商、谈判的磋商程序,签约的程序、履行双方权利和义务的程序、违约的责任和惩罚程序等。不仅如此,国际碳交易合同是建立在国际交易平台的基础上,具有交易、登记、结算、划拨等程序,而且有现货、期货、期权等交易模式,是一种典型的国际市场交易商品的形式。只不过国际碳交易合同较之一般的国际商事合同,在领域(气候变化)、商品特性(碳排放权配额或信用)、前置程序(条款清单意向书、先决条件)、碳交易程序的国家监管、碳履行义务的国家责任等方面存在差别,需要在实践国际碳

① 如由一批国际律师和清洁发展机制(CDM)专家制定的"核证减排量买卖协议"(CERSPA)第14条第8款明确规定,"(a)《联合国国际销售货物合同公约(1980版)》不适用于本协议;(b)《合同法案(第三方权利)(1999)版》不适用于本协议——仅在英国法律为管辖法律时才适用。"

交易合同适用相关法律时充分关注。

（二）国际碳交易合同具有平等交易性

1. 国际碳交易合同主体法律地位的平等。从当前国际碳交易的情况来看，国际碳交易的主体依主体本身的性质，有各国家、国际组织、各国家的负有强制减排义务的企业实体，各民间自愿减排的团体或基金组织，各国家自愿参与减排的企业实体或个人等。这些交易主体又可依参与减排体系的不同，分为京都机制下的和非京都机制下的参与主体、欧洲排放贸易体系下的碳减排参与主体以及美国等国自愿参与减排的主体等几类。

在国际法上，尽管各国家和国际组织与企业实体、基金组织、银团、个人在法律属性上完全不是同一个范畴里的概念。前者是国际公法上的概念，后者是国际私法上的概念。但偏偏是在国际商品贸易的体系里，这些国际上的主体融为一体。特别是在国际碳交易的体系中，鉴于当前国际碳交易发展的速度、质量以及区域分布完全超出纯粹一般市场交易的范围，而又融入人类可持续、当代与子孙后代的利益分配公平等内涵，各种利益主体完全融入其中也就不足为奇。不过，既然将碳排放权的配额或信用交易，是当作流转的财产性商品来对待的，在商品流转之间的主体身份可以有差别，但这些主体之间的法律地位却是应当平等，不管它是国家、国际组织，亦或是基金组织、企业实体。事实上，《联合国气候变化框架公约》和《京都议定书》在设定碳减排交易机制时，就明确了各交易主体围绕交易权利义务和程序的法律地位和职权，是平等和对等的。

2. 国际碳交易合同双方权利义务的平等。纵观任何一种碳交易的模式和范本（合约），碳交易模板中的条款都有碳排放权买者的义务和卖者的义务条款，如基于项目存在的碳排放权卖者的义务有项目设定、核查、认证、登记、交付等；买者的义务有接收和付费等。而买者和卖者的义务就是碳交易合同相对方的权利，并且具有对等性。

3. 国际碳交易合同追求的平等（社会价值）是在“共同但有区别责任原

则”下的平等。共同但有区别责任原则是一项国际环境法责任原则,是指由于地球生态系统的整体性和导致全球环境退化的各种不同因素,各国对保护全球环境负有共同但是又有区别的责任。这包括两个关联的因素:共同的责任和区别的责任。前者是针对全球生态的整体性而言的,即不管是贫国,还是富国,对生态环境的保护都负有不可推卸的责任;后者是针对历史责任而言的,即各国对生态环境保护的责任分担并非是平均的,而是依据历史上其对生态环境破坏的程度而作出责任上的分担,特别是发达国家与发展中国家的责任分担应有差异。

该原则最早是在《联合国气候变化框架》第 4 条中明确规定的。之后,《京都议定书》将该原则发挥到了极致。其不但建立了“京都三机制”,而且以强制法的形式明确规定了附件一主要发达国家以 1990 年为排放基准,要求全球几大温室气体排放大国从 2008 年至 2012 年平均减少温室气体排放的 5.2%。在最近的南非德班会议上,基础四国的中国、印度、巴西、南非就是在充分强调“共同但有区别责任”原则的基础上,取得了最后的胜利,使得《京都议定书》的有效期延长了五年,并创造了下一步协商、谈判的基调和具体实施步骤。

在理论上,绝大多数分析家持有的标准观点是:富国要为迄今为止的绝大多数排放承担责任。[①] 因此,不管发达国家和发展中国家在碳交易的排放配额的设定上存在多大的分歧,以前的和当前的国际碳交易,随着德班会议落下帷幕,将继续前行,而且仍然是在“共同但有区别责任”原则基础上的交易。这种平等并非是绝对的各国家都减少的平等,反而可能在一定程度上是发展中国家碳排放量总量扩大的平等。当然,同样不可熟视无睹的是,随

① Eileen Claussen and lisa McNeilly, Equlity and Global Climate Change: The Complex Elements of Global Fairness, Pew Center on Global Climate Change (October 29, 1998); Marina Cazorla and Michael Toman, “International Equity and Climate Change Policy: Resources for the Future”, Climate Issue Brief 27 (December 2000); United Nations Environment Program, Vital Climate Change Graphics 14 (February 20050, 在线可查 grida. no/publications/bf/climate2。

着国际碳交易的发展规模扩大,美国、欧盟与中国、印度等国家在这一原则上的观念分歧也有扩大趋势。从2001年美国退出《京都议定书》和2007年"巴厘路线图"以来的历届联合国气候变化缔约方大会上的争论焦点就可以得出此分析结论。今年的德班会议更是反映出发达国家与发展中国家在这一问题上争执的白热化程度。可以这样说,国际气候变化的政策措施总是会围绕着国际气候变化的动因以及有效性而展开,而这一措施的核心问题是,如何支付减排的成本①——国际碳交易正是在此理论上应用而生——国际碳交易合同也正是为保障这一机制的规范手段。

因而,国际碳交易合同不仅仅是在"京都三机制"或其他机制下构建的外在形式载体,其内容核心是通过这一市场机制外在形式,达成国际碳排放的减少。这种减少在没有充足资金和先进技术的保障下,至少在短期是以牺牲工业发展成果为代价的。虽然我们已不能追溯从前,但我们要确保发达国家在200多年以来的工业化发展道路所沉积的历史责任担当与当代各发展中国家的碳排放权利的平等性。即使是采用总量控制的碳交易在适用合同时,该价值理念也应包含其中。

二、国际碳交易合同内容精准性与模糊性

作为调整人们行为的法,存在着超乎想象的规则力量,对所规范的人类行为给予了明确指引和安排。国际合同是国际市场体系当中平等主体之间权利义务设定和运行的载体,为预设市场主体的交易行为发挥着无比重要的作用。因而在制定各种国际合同时,立法者往往会考虑到国际市场交易行为中的科学性和稳定性,从而精到地设定合同条款,使合同主体在行使相关行为时,保证其行为不偏离基本原则,并具有实施的可操作性。这一做法,我们称之为法律的精准性。随着法律对国际社会实践中出现的一些具

① [美]埃里克·波斯纳,戴维·韦斯巴赫.气候变化的正义[M].北京:社会科学文献出版社,2011:31.

体情况不可能做出相应规定或规定得不具体、不明确，导致国际合同法律处理的不确定性，或者因世界宏观环境的影响导致国际合同本身设定的目标无法确定，我们称之为法律的模糊性。国际碳交易合同兼具有这种精准性和模糊性。

（一）国际碳交易合同基本条款的科学设定与明确性

1. 国际碳交易合同的基本条款完整。依我国 1999 年《合同法》精神，一般的合同是按照合同的订立、合同的效力、合同的履行、合同的变更和转让、合同的权利义务终止、合同违约等内容来进行解读的；并规定合同有“当事人的名称或者姓名和住所、标的、数量、质量、价款或者报酬、履行期限、地点和方式、违约责任、解决争议的方法”① 等内容条款；依 2004 年《国际商事合同通则》的精神，一项合同同样需要合同主体订立产生效力并得到有效履行，否则将产生违约责任或其他责任。事实上，一般的国际碳交易合同虽不是适用如我国《合同法》或《国际商事通则》那样的法律规范，但往往采用英国法作为适用法，不仅仅在合同的条款上完全与上述有关法律所规范的那样，具有全面的条款内容，更为重要的是，其在定义、概念释义、先决条件、保证、项目概况、费用等为合同设定的先前义务和合同运行后保障义务建立了更为整体、系统的条款体系。尽管一般的国际碳交易合同的示范文本并非是具有国际法上义务的强制性文本，但在实践中，此类的示范性文本却使国际碳排放权的各种交易性行为，无论是基于碳排放配额，还是基于项目的碳信用，都具有可供实际操作的详尽规则。这样，我们就可以依据国际碳交易示范性文本，并参照实际需要，来制定符合我们可操作的国际碳交易合同。

① 参见《中华人民共和国合同法》第 12 条。

2. 国际碳交易合同的“合理预期”①目标明确。任何一项合同必然会预设既定“标的”任务的完成，不管这项合同在履行过程中是否会中止、违约或终止。更为重要的是，这项预设的“标的”任务是合同当事人之间依据相关的法律规范进行并自愿承诺保证遵守，一旦违反将受到强制履约的合理预期。从国际气候变化调整的整体效果来看，自《京都议定书》诞生之日起，注定国际碳排放权交易的强制执行力因外部运行受到多重因素的制约而变得并非可靠。② 但就单个的国际碳交易合同——国际碳交易合同的签订及其履行的角度，无论是京都三机制下的碳交易，还是非京都机制下的碳交易，都是平等碳交易主体在友好协商基础上的国际合约。而且它不仅仅是碳交易主体的承诺，还可能是围绕国家在京都机制下的国际义务而设定的某国家的承诺，其对象是确定的，其目标是确定的。简言之，国际碳交易合同在目标上是为实现碳减排成本的减少而实施的某国政府与某国政府或企业实体进行的交易，标的、数量、质量等都是明确的，是作为合同本身的承诺；同时，该交易主体背后的国家在《京都议定书》中的承诺也是明确的，并且完全可获得国际商事合同法上的强制执行力。

（二）国际碳交易合同外部运行条件的不确定性

1.《联合国气候变化框架公约》基本原则遵循的不稳定。《联合国气候变化框架公约》缔结时，围绕“减少温室气体排放，减少人为活动对气候系统的危害，减缓气候变化，增强生态系统对气候变化的适应性，确保粮食生产和经济可持续发展”的目标，确立了五个基本原则：(1)“共同而有区别责任”原则；(2)发展中国家特别情况原则；(3)预防原则；(4)可持续发展原则；

① “合理预期”是二十世纪美国最伟大的合同法学者科宾在其1950年出版的《科宾论合同》提出的一个合同法原则，是指法律并非致力于实现所有由允诺所产生的预期，其所要实现的，必须是合理的预期，也就是大多数人能够允诺并可得到强制执行的预期。参见秦韬. 英美合同法领域的合理预期原则研究[DB/OL]. 上海国际贸易律师网，http://www.shlawyer.org/Article/Class02/Sclass02/Article_947.htm，最后访问日 2011-08-10。

② 目前大多数发达国家没有完成其在《京都议定书》中所设定的任务就是最好的例证。

（5）开放合作原则。但由于这是一个仅要求各缔约国提交专项报告并说明执行《公约》的计划及具体措施的框架性公约，并没有明确各缔约方的强制义务，完全是靠各缔约方的自觉行动。大部分的国家都是努力践行诺言，采取各种措施努力削减碳排放源，但在执行各项《公约》原则的过程中，也出现了各种与《公约》原则相背的声音和行为，如2001年3月30日，美国总统布什宣布该国退出《京都议定书》，[①]就是明显的不愿履行“共同而有区别”的责任原则的最好说明；长期以来，发达国家承诺的绿色发展基金的资金迟迟不到位，正是“开放合作原则”的倒退，等等。因此，在这样一个为数众多，几乎覆盖全世界所有国家的一个公约履行过程中，出现了那么多不和谐，要想使全世界所有国家完全按照上述原则，在碳交易合同中践行国际社会新理念，完全遵循上述五项《公约》原则，也变得触不可及。

2.《京都议定书》长期安排结局如何无法准确判断。1997年创设并于2005年生效的《京都议定书》只对2008年至2012年第一承诺期发达国家的减排目标作出了具体规定，即整体而言发达国家温室气体排放量要在1990年的基础上平均减少5.2%，但关于2012年至2020年的第二承诺期发达国家的减排目标并没有确定，而且似乎围绕该期承诺目标的设定，当前国际上的分歧仍然较大。[②] 因此，在京都机制条件下的规范碳交易的碳减排交易规则及其合同，何去何从，现在仍然不好下一个肯定的结论。

---

① 2011年12月12日，加拿大继美国之后第二个国家宣布退出《京都议定书》，对国际社会共同努力减少温室气体排放的进程产生了严重打击。刘贺林．加拿大退出京都议定书 继美国后第二个退出的国家[DB/OL]．中原网，http://www.zynews.com/n/2011-12/14/content_1682363.htm，最后访问日2011-12-20。

② 如在德班会议上，原定要解决的两大难题：《京都议定书》第二期减排和绿色气候基金，虽然在最后加时阶段达成了一揽子决议，但部分内容不够具体，而且措辞留有巨大漏洞，可能让某些国家得以逃避应承担的减排责任，如就《议定书》第二承诺期期限，决议没有明确说明具体时间，是5年还是8年并无知晓；对于绿色气候基金，资金来源和管理机制仍是空白；就坎昆大会搁置的自愿减排努力，这次会议同样没有进展；没有确定将要制定的法律工具或法律成果的确切性质；没有提及惩罚措施。李良勇．德班气候大会没有达成协议？[DB/OL]．解放牛网，http://www.jfdaily.com/a/2454622.htm，最后访问日2011-12-20。

3. 基于项目碳交易的成功率无法全面把握。在京都机制下的碳项目交易模式有两种,一种是JI模式;另一种是CDM模式。前者是在发达国家之间进行的;后者是在发达国家与发展中国家之间进行的。但无论是哪一种模式,除了主体的不同,在程序上都体现出了复杂性的一面,都是围绕着具有资金和技术资源优势的发达国家对其他发达国家或是发展中国家的支撑展开。这些项目碳交易不仅仅只是一个国际碳交易合同签订或履行的问题,它们还涉及碳节能减排项目的成功,涉及众多的国际监管和国内监管。因而,在实施碳项目交易的过程中,项目的立项和实施过程较长,即使项目成功,得到国家监管部门的审批和《联合国气候变化框架公约》下的各行动小组的审核和批准也不一定成功。那么,在这种情况下,规定缔约方的权利和义务的国际碳交易合同也就仅为一个模板,不能起到实际的作用。

三、国际碳交易合同遵约及其国家责任

国际碳交易合同的遵约,是指国际碳交易形成的主体按照双方的合同约定,自觉履行合同义务的过程。这个过程,反映出碳交易主体的行为和具体碳交易合同规定之间的一致性和同一性;碳交易主体的行为与碳交易合同规定不一致时,是为合同的不遵约;反之,碳交易主体的行为与碳交易合同规定一致时,是为合同的遵约。[①] 由于国际碳交易合同的履行,不仅仅是碳交易合同双方行为的事情,还涉及国家对碳交易合同的监管。因此,碳交易合同的遵约既有合同双方主体的义务性问题,又有碳交易合同订立方所在国家的国家责任问题。

(一)国际碳交易合同遵约机制分析

1. 国际碳交易合同遵约的因素。影响国际碳交易合同遵约的因素有很多,大体可以分为两类:一类是碳交易合同本身的因素,涉及合同签约主体

---

① Oran Young. Compliance and Public Authority[M]. Baltimore: Johns Hopkins Univ. Press, 1979: p, 172.

的主观意愿性、坚持和诚信度、合同权利义务的履行程度、碳排放权益项目的成功等;一类是碳交易合同的客观外部环境,如国际气候变化政治的博弈,[①]国际碳交易公约的可延续性,[②]碳交易结算系统的稳定性、碳交易所平台机制的完善性等。

2. 国际碳交易合同遵约的因果关系。国际碳交易合同的自身因素和合同履行的外部客观因素共同形成了国际碳交易合同履约机制的条件和原因,即各碳交易合同的主体遵守碳交易合同的因果机制。应当说,上述合同自身因素和外部客观因素共同的作用,将促使碳交易合同最终履行的成效和结果。按照事物通常的辩证关系,内因决定外因,外因促进内因的发展。如果我们将影响碳交易合同的自身因素称为内因,将影响碳交易的外部客观因素称为外因,那么,国际碳交易合同履约的决定因素,还是要看碳交易合同双方主体的真实意思表示和履约能力;如果是一个如 JI 或 CDM 的项目型碳交易,则碳交易合同的最终履约还得该项目的最终获得成功。但所有人都不可忽视的是,外部客观环境在国际性碳交易中发挥着非常重要的作用。特别是国际气候变化政治的博弈和国际碳交易公约的可延续性两个因素的影响力更是深远。从 2007 年“巴厘路线图”开始,经过多次联合国气候变化框架缔约方大会的无数次博弈,而即使到了今天的德班会议,国际社会所要共同完成的议题就是围绕《京都议定书》的第二期减排目标的确定和发达国家对发展中国家的资金和技术的援助两项议题展开。因此,国际碳交易合同的遵约必须考虑以上两类因素的全部内容和机制协调与平衡。

(二)国际碳交易合同遵约的国家责任

事实上,从国际贸易的角度,国际碳交易合同是完全意义上的商事合

① 解决气候变化问题需要全世界共同协作,即需要通过我们共同合作来解决人类共同面临的威胁。但是具体涉及细节就涉及了国家的利益,涉及了各国的具体情况。这里面就产生所谓的为利益的政治博弈。比如联合国气候变化框架大会中各国家的种种表现:发展中国家和发展中国家之间的对立;发达国家和发达国家之间的对立;发达国家和发展中国家之间的对立等。

② 如设立京都三机制的《京都议定书》在 2008 - 2012 年第一期承诺减排以后何去何从就一直成为国际社会关注的焦点。因为,它关系到大量的 CDM 项目的申报和合同的履行。

同,所形成的责任应当是合同法上的违约责任;但由于目前在国际购买碳排放权的主体主要是京都议定书下强制减排主体、欧盟排放权体系下的减排主体以及一些自愿的减排主体。他们是带有很大的目的性来进行交易的,比如项目型的碳交易,在整个的交易过程中,一旦设定相应的交易条款,一般来说,碳交易主体不会轻易的违反合同的约定。否则,这样的行为,就会产生不仅是不能履行碳交易合同的问题,还会产生因碳交易合同未能履行而产生国际法上的碳排放权配额达标的国际法上的责任义务问题。因为,按照国际条约法的规定,一个合法缔结的条约,在其有效期内,当事国有依约善意履行的义务。如果条约当事国违反条约必须信守原则,而没有完成缔约义务,就构成国际不法行为,应负国际责任。[①] 如在《京都议定书》附件一中所确定的发达国家和经济新兴国家都有按照议定书第一期减排的目标实施国内减排的国际法义务,在 2012 年年底议定书第一期减排的时期完成时,这些国家应当受到国际社会的谴责和其他处罚;如欧盟碳减排贸易体系下的各欧洲联盟的国家及其企业实体都有明确的减排任务,如按照预定的日期没有如期完成,也将受到欧洲委员会的处罚。如果京都机制下的国家和欧盟碳减排机制下的国家在进行碳交易时,政府与政府的碳交易合同行为很有可能涉及政府的不履约责任。

第三节　国际碳交易合同问题解读——以 CERSPA 为蓝本

当前的国际碳交易合同,大都是格式合同,是以核证减排量购买协议模板为蓝本的。有时表现形式为碳交易所的标准合约。碳交易买卖的双方是

① 李浩培. 条约法概论[M]. 北京:法律出版社,2003:272 - 273.

围绕碳排放权的标的而买卖,而这种买卖应当符合《联合国气候变化框架公约》的基本原则、《京都议定书》设定的基本机制以及各协会、基金、组织、专家等主体设计的核证减排量购买协议模板——不管是围绕 AAUs、CERs、VERs 所设计出的模板,还是其他形式的模板。当然,就目前所通用的模板,依据服务对象和适用主体以及权利义务的平衡点,可以大致分为两类,一类是更多地体现买方利益的模板,如国际排放贸易协会 2006 年发布的《减排量购买协议(第 3 版)》和《CDM 条款通则(第 1 版)》;世界银行碳融资部门 2006 年 2 月制定的《适用于 CERs 购买协议的通用条款(CDM 项目)》以及《适用于 VERs 购买协议的通用条款(CDM 项目)》;一类是更多地体现卖方利益的模板,如一些清洁发展机制专家和国际律师 2007 年 4 月起草的并于 2009 年 9 月更新的《核证减排量买卖协议(第 2 版)》(CERSPA)。但不管是哪种类型的模板,其首要的目的是通过一种权利义务相对平衡的模式,使得碳排放权买卖双方都能按照协议模板的规则和程序顺利交易。下面就以 CERSPA 为蓝本,就碳交易合同的一些特殊内容进行解读。

一、国际碳交易合同的主要条款内容

以 CERSPA 作为研究文本的对象,国际碳交易合同至少包括以下合同条款:(1)定义与解释;(2)先决条件;(3)CERs 交付;(4)付款;(5)费用及税款;(6)项目运营条款;(7)选择权;(8)不可抗力;(9)陈述与保证;(10)违约事件;(11)终止;(12)适用法律与争端解决;(13)其他条款,如项目参与方与联系人、保密条款、通知条款、修改条款、转让条款、存续条款、语言条款、放弃条款、可分割条款、完整协议条款、第三方权利条款等。[①]

围绕上述主要条款内容,对照一般的国际贸易合同条款内容,我们可以看出,国际碳交易合同至少在条款的设定上有以下几个特殊的条款内容:

---

① 周亚成,周旋.碳减排交易法律问题和风险防范[M].北京:中国环境科学出版社,2011:93-97.

(1)定义与解释条款。不能说一般的国际贸易合同没有这一条款,但围绕国际碳交易合同主体、客体、项目上、适用国际法律的特殊性,有关国际碳交易合同的一些基本定义或解释,如 CDM、合同 CERs、项目试运行日、审定、注册、监测、核查、核证、签发等是完全不同于其他的国际贸易合同的。而且更为重要的是,这些概念大多是来自于《京都议定书》和《马拉喀什协定》的相关规定,在适用过程中,还得依据这些法律的修改变化而相应变化;(2)先决条件条款。该条款的设定是由于部分国际碳交易合同是依赖于项目的存在为基础。如果项目没有注册成功,没有了基础,与之对应的碳交易合同也就无法得到履行。先决条件条款有两种:一种是规定整个合同生效的先决条件;一种是规定部分条款生效的先决条件。不管是哪一种,先决条件原本应当在当事人之间获得可控,但事实上并非尽然。因此,碳交易合同当事人特别要注意先决条件条款所设定的细节,要考虑到自身能否履行好,否则就要做适当的处理;(3)费用及税款条款。原本交付 CERs 和付款是碳交易合同的核心条款,但在大多数的国际贸易性合同中同样也有类似性质上的条款。而关于付款构成要素之一的价格,却有它的特殊性。即项目碳交易价格,包含了众多的费用,如 PDD 费用、指定经营实体(DOE)审定费、指定经营实体核查、核证费、EB 注册费等。另外,碳交易合同当事人还得就税款进行约定。一般来讲,东道国征收的相关税款由卖方承担;买方所在国的相关税款则由买方承担;(4)项目运营条款。一般的国际贸易合同仅就交易过程作出约定,但项目型的碳交易合同,不但要考虑这一过程,还得充分考虑在进行交易前的项目运营过程,因为这是保证碳交易合同得以履行的最为基本的程序,包括项目设计文件的编制、审定、注册、运行与管理、核查与核证等内容;(5)选择权条款。可以说,这是国际碳交易合同,特别是基于京都交易机制的碳交易合同最为特殊的约定内容,也是化解国际碳交易合同因国际公约或政策变化的一个最为有力的保证条款。关于选择权的条款有两种:一种是超量选择权,即买方对于项目产生的超过出买方固定购买数量的 CERs

购买选择;一种是超期选择权,即《京都议定书》第一期减排承诺到期后卖方所产生的 CERs,买方的选择权问题。有的 ERPA 规定买方享有单方选择权,并具体规定了行权期限,行权通知、选择权终止等条款;(6)陈述与保证条款。该条款是国际碳交易事同双方当事人的一个先期缔约义务,是关于合同主体订约资格、授权等有约束力且可执行的条款。如果一方违反了陈述与保证,另一方可撤销合同或解除合同并要求违约赔偿等。

二、国际碳交易合同的一般主体和客体

国际碳交易合同主体是指碳交易合同权利义务承受的自然人、法人或其他组织;国际碳交易合同客体是指碳交易合同权利义务指向的对象。一般而言,国际碳交易合同的主体就是指在国际碳交易市场从事交易活动的买卖主体,即拥有富余排放权指标的卖方企业和需要排放权指标的排放者。但并非一概如此,如美国碳排放交易市场中的主体除了真正的排放者,还包括投资者和环保主义者;如我国的天津排放权交易所会员有三类:一类是排放类会员,一类是流动性提供商会员,一类是竞价者会员。从目前的碳交易市场情形看,国际碳交易的各类微观主体,涉及企业或个人、市场中介、一定程度上以特殊主体身份直接参与碳市场交易活动的政府机构三大类主体。如在京都三机制中,碳交易所对应的主体是不同的:联合履约机制(JI)的参与主体是附件一缔约方(包括正向市场经济过渡的国家,即转型经济体);排放贸易机制(ET)的参与主体是附件一缔约方或其授权的法律实体;清洁发展机制的参与主体包括附件一国家和非附件一国家,是以项目为基础的温室气体减排信用交易。而在欧洲温室气体排放权交易体系中,碳交易的主体主要是分布在欧洲多个国家的 11500 多个排放源。国际碳交易合同客体——碳排放权的特殊性,不仅仅在于它是一种新型的国际贸易商品,还在于这种特殊商品的国际法属性的不确定性和争议性。本书第一章对此有较详尽的阐述。

三、国际碳交易合同的权利义务设定

在卖方同意出售而买方则同意购买的前提下，国际碳交易合同的买卖主体形成了合同，创设了约束彼此的权利和义务。鉴于国际碳交易合同标的的天然创新性及国际碳交易合同的其他特殊性，碳交易合同在权利和义务的设定上也有它的特殊性。下面就依 CERSPA 的条款内容，对碳交易合同双方的权利和义务进行分析。

（一）国际碳交易合同具体的权利和义务

1. 卖方的权利和义务。按照 CERSPA 第 5 条第 1 款的规定，碳交易卖方具有以下权利和义务。(1)按照第 4.01 条[①]交付合约核证减排量；(2)确保在每年结束后的多少个营业日内向执行理事会提交该年的核实报告；(3)不在项目所产生的合约核证减排量上设定或允许存在任何索赔或债务负担；(4)按照注册项目设计文件和京都议定书规则推行项目；(5)双方约定的其他义务。

2. 买方的权利和义务。按照 CERSPA 第 5 条第 2 款的规定，碳交易买方具有以下权利和义务。(1)按照第 3.02 条[②]的规定支付合约核证减排量；(2)接收交付，且不采取任何行动妨碍或干预合约核证减排量的交付；(3)维持足够的资金以作出本协议下的任何到期付款，且不采取将会危及（信用证的维持）其作出本协议下的任何付款的能力的任何行动；(4)经卖方要求，尽快向卖方交付按照买方国家会计和审计法律和准则编制的其最近的已审计年度财务报告；(5)约定的其他义务。

（二）国际碳交易合同权利和义务的特殊之处

CERSPA 除了在其第 5 条明确规定了买卖双方的权利和义务条款外，还在其他的条款进行了有关约定。如 CERSPA 在其第 4 条明确规定了交付的

---

① 即卖方的交付义务。
② 即价格和付款义务。

义务内容:(1)卖方同意向买方交付不附带任何索赔或债务负担或第三方权益的合约核证减排量。卖方无义务或责任交付超过该合约核证减排量的核证减排量;(2)每一年,卖方应交付(自上一次核实或如果是第一次核实,则自注册)后所产生的核证减排量,直至已经交付全部合约核证减排量;(3)合约核证减排量应在每一年的(加入日期)或之前交付;(4)卖方应通知买方每一年颁发的核证减排量。买方应通知卖方交付的注册账户,交付应在收到卖方的颁发通知后的15日内发生;(5)如果买方未能按照第4.01(c)条指定注册账户,或买方指定的注册账户在颁发后的21日没有设立或不能接收核证减排量,则卖方应被视为在颁发后的21日已经交付了合约核证减排量;(6)如果合约核证减排量按照第4.01(e)条进行交付,卖方应在可能的情况下尽所有合理努力协助买方将合约核证减排量作为核证减排量转入买方指定的注册账户。上述协助仅在买方提出要求时才提供,且卖方引起的全部所需外部费用应由买方承担;(7)一旦进行了交付且卖方收到付款,合约核证减排量的所有法律和受益权和/或所有权将转移给买方。

另外,CERSPA在其第6条"陈述与保证"中突出了国际碳交易合同双方当事人设定权利和义务必须考虑周全的问题,要求碳交易合同双方当事人在做陈述和保证时,依然需要考虑符合《京都议定书》的各项机制规定,依然要充分关注碳交易融资间的资本量;在第7条"报告义务"和第8条"通信"条款中规定了买卖双方的通知义务;在第9条"不可抗力"条款中规定了买卖双方在发生不可抗力事件时尽可能采取一切措施减少不可抗力事件带来的消极影响;在第13条"保密和不披露"条款规定了买卖双方除非取得对方同意,否则不得就保密资料和合同之善意目的而对外界披露等。

四、国际碳交易合同的履约程序

对于普通的国际贸易合同,交易双方按照合同约定的条款进行正常的商品交换,只要买方和卖方履行了各自的约定行为,贸易合同自然履行完毕。但国际碳交易合同不仅有着一般国际贸易合同的特点，同时，由于碳交易合同特别是项目型的碳交易合同受到各缔约国家的强力监管、项目实施的周期长、风险大，且履行过程中需要碳交易平台作为特殊的媒介，在履约的程序上有它独特的一面。

（一）国际碳交易合同履约程序复杂，周期长

碳交易合同在交易双方创设时，基于实施项目本身的原因，就已经对协议条款做出周密的部署。但实际上，一方面配额型的交易合同需要经过申请或招投标，项目型的合同兼具项目实施内容，其履约的程序复杂和难度可见一斑。如一个典型的 CDM 项目要经过项目识别、项目概念设计、项目设计文件编制、国家 CDM 主管机构批准、指定经营实体审定、CDM 执行理事会注册、项目监测与报告、项目核查与核证、CERs 签发等 9 个主要阶段。这其中的每一个阶段，由于受到该机制的相关规则和国内政策等因素的制约，使合同的履约过程受到项目本身的影响而显得不确定。因此，对国际碳交易合同的履行应有充足的心理预期和充分的安排。

（二）国际碳交易合同的履约依靠碳交易所交易平台和标准合约进行

国际碳交易合同的买卖双方在签订合同后，并非是按照通常简单的合同履行方式，直接由卖方将商品转移到买方手中，而是通过各国际交易所交易平台进行转移碳排放配额或信用指标的，如现在国际上的三大碳交易所国际环境权益交易所、欧洲气候交易所、芝加哥气候交易所提供的就是这种交易服务。无论是碳交易的现货合约，还是期货合约，都是如此。而且，能在碳交易所进行直接交易的只能是与交易所清算会员达成清算协议的会员或普通投资者，如在欧洲气候交易所进行碳交易的买卖投资都有这样的要求。会员分为全面会员和交易会员，两者都包括清算会员和非清算会员。只不过，全面清算会员有别于交易清算会员的是，它既能自营交易和清算，

也能代理客户交易和清算，有资产方面的更高要求。[①] 并且，各普通投资者和会员通过清算会员开设保证金账户，用于清算所按照清算程序对清算会员的头寸进行清算。

国际碳交易合同的买卖双方在碳交易所进行交易的具体程序是：(1)参与碳排放合约交易的交易者必须在某一成员国的注册系统中开设一个账户，没有初始配额的交易者需开设个人持有账户，同时清算所也必须开设属于自己的账户；(2)当某个账户持有者希望将配额转移给同一系统或者其他注册系统持有者时，他需将转移请求提交给24小时运转的注册系统中。转移配额不应超过账户持有的额度，任何超出的请求都会被拒绝；(3)注册系统管理员接收到转移配额的请求后，就将该请求提交给独立的交易记录系统进行检查，检查结果会通知发起注册系统和接收注册系统；(4)检查如果通过，则发起注册系统的额度会减掉，接收注册系统的额度会增加；检查如果没有通过，则转移请求在注册系统自动消失。因此，碳交易所的现货和期货市场都是采用标准化合约作为对象，在交易规则和流程方面与场内的其他商品的交易并无明显差异，但基于碳交易配额与碳交易所独立交易记录的检查与核对，在碳配额交易规定和流程上增加了对于确认和记录交易结果的相关规定和操作方法。

（三）国际碳交易合同的履约受到各交易国、指定经营实体和联合国的监管机构的监管

国际碳交易合同并非是独立的商事交易行为，而是受到来自国内层面和国际层面的多级约束。就履约而言，前者是指国际碳交易合同履约的过程，除了受到来自碳交易合同买卖双方的约定制约外，还受到了国内法律和政策的特殊要求；后者是指国际碳交易合同的履约还受到来自国际规则明

---

① 如欧洲气候交易所的全面会员申请清算会员，最低净资产必须达到2000万英磅，交易会员申请成为清算会员最低净资产只需500万英磅，而且最低资产要求是清算会员和非清算会员的明显区别。参见中国清洁发展机制基金管理中心，大连商品交易所. 碳配额管理与交易[M]. 北京：经济科学出版社，2010：101－102.

确规定的要求。如我国的企业实体通过CDM项目与《京都议定书》附件一的国家进行碳交易,首先必须按照我国《清洁发展机制项目运行管理办法》的规定进行,如企业股权结构要符合要求、项目设计文件质量要过关、企业营业执照要年检等。[①] 而对于任何一个获得国内批准的立项项目,最终进行国际碳交易还得受联合国批准的机构或组织授权或批准,如指定经营实体的审定、核查、核证,CDM执行理事会的登记等。

五、国际碳交易合同的法律效力

在国际商事合同中,依据《国际商事合同通则》的第三章"合同的效力"规定,合同自订立起生效,除非有影响合同效力的因素存在,如相关错误、欺诈、胁迫、重大悬殊、第三人、自始不能[②]等因素。一般来说,国际碳交易合同也理应如此,即在国际碳交易买卖主体签订合同后就自然生效。但鉴于国际碳交易合同在标的法律属性上的不确定性、[③]在法律适用上的多重性(《京都议定书》和英国法)、在主体参与身份的适格多标准性等因素,国际碳交易合同在其法律效力形成的条件上有一些特殊性因素存在。

碳交易合同主体签约能力的存在是国际碳交易合同生效的首要条件。如果碳交易合同的主体不适格,则可能导致交易合同的无效或无法履行。那么如何认定碳交易主体的适格性呢?这首先要看该合同主体是否符合当前国际碳交易的"类别机制"主体要求——主要是源自"京都三机制"和非京都机制的存在为前提。在京都三机制中,各缔约国存在于哪种机制中,早已有明确规定,如JI和EB机制只能是发达国家之间,CDM机制只能存在于发达国家与发展中国家之间。那么,对于发展中国家和发展中国家的企业实体,就不能参

---

① 参见我国《清洁发展机制项目运行管理办法》第6-12条的具体规定。

② 参见2004年版《国际商事合同通则》第3.3条、第3.6条至第3.11条。

③ 对于碳排放权是否是商品或货物,目前没有一个权威的界定,因而碳交易不能适用《国际商事合同通则》,则该《通则》相关的法律生效的要件或致不生效的行为无法适用在国际碳交易合同行为中。

与JI和EB机制。其次,我们在国际碳交易合同的订立过程中,也要看到事实的碳交易买卖双方的真实意思和履约能力(包括签约人的授权委托权限)。

国际碳交易合同主体行为本身的违法性是我们认定该合同生效的另一个重要的要件。如违反《京都议定书》和《马拉喀什协定》的规则和违反各签约国家或实体所在国的法律或政策,都将导致该合同的无效。这在具体的表现形式上,却各有不同。如为了防范国际碳交易过程中的巨大风险,有些规模较大的公司,通常成立几个注册资本很少的子公司,先是利用大公司的名号及影响力与交易相对方进行谈判,却以子公司的名义签订碳交易合同,一旦发现碳交易合同履约困难,就牺牲掉子公司,避免母公司卷入诉讼。这是典型的利用了有限责任公司的恶意欺诈行为,但在否认其行为效力上的证据查找上却产生了我们的困难。另外,国际碳交易合同上的先决条件、陈述与保证等条款如果设置了合同生效前置的内容,因这些条件或陈述与保证没有达成,将会导致国际碳交易合同的无效。这在签订碳交易合同创设这些条款时必须予以充分关注的事项。

第四节 国际碳交易合同违约及其救济

国际碳交易行为是跨国界的、涉外的、无形的、具有商品买卖属性的双向交易性行为。其不但需要通过碳交易双方主动地进行协商、谈判和进行交易,还需要通过书面的合同形式来明确交易主体双方的权利和义务。这在任何一个涉及碳交易平台的规则中都有明确的规定。如CERSPA中的第5条规定。并且,这一合同形式还可以表现为协议、合约、非完整合约部分的先决条件条款、陈述和保证条款等。各类形式的碳交易合同是为保障和约束交易双方的,即前者是为促进合同双方努力履行合同;后者是明确一旦有某一方违反合同的约定,将会承担对其不利的民事责任。

一、国际碳交易合同违约的内涵

(一)碳交易合同违约的界定

按照一般的合同法解释,违约是指合同双方当事人违反合同义务的行为,即指合同当事人一方或双方不履行合同义务或履行合同义务不符合合同约定的行为。因此,国际碳交易合同是指碳交易当事人(主体)一方或双方不履行碳交易合同或履行碳交易合同不符合合同约定的行为。这种不履行合同的行为导致的结果是交易双方对整个合同的根本性违约;而履行合同不符合交易双方约定的内容可能导致交易主体对合同的根本性违约,也可能并非是根本性违约,这要看合同违约的具体情形。

(二)碳交易合同违约的特殊性

1. 总体上说,国际碳交易合同是双务合同。在双务合同语境下,当事人交换允诺,彼此对对方承担义务。当事人在合同中作出有关履行的互惠、对等的允诺:一方向对方允诺将履行其承诺,另一方则信任其承诺将被履行。一方的履行即可构成对方的信赖。这样,从分析违约的角度,就可将双务合同分解为两个单务合同的违约责任分担的总和。真实合同实践中,当事人选择缔结双务合同很可能受到两个激励的驱动:一是对履行价值的相互依赖;二是由于有限责任的限制,对法律成本与法院努力的不完全补偿。这样的结论是与以下事实相一致的:尽管某些情形下当事人为了便利缔结了含有相互履行义务的合同,交换货物或服务以减少交易成本,避免金钱浪费或规避税负,但是,现实生活中绝大多数双务合同都涉及优化组合的合同义务。国际碳交易合同也不例外,如在 CERSPA 第 10 条“违约事件和补救措施”中的规定,就是碳交易买卖双方违约的各种情形及其补救措施,是买卖双方合同义务的组合及优化。

2. 国际碳交易合同的违约受到来自合同约定违反之外的因素比例要较其他的国际贸易合同要大得多。一般而言,国际碳交易合同不仅仅是碳交易买卖双方交付 AAUs、CERs 等碳排放权指标的纯合同交易行为,还涉及合同项目成功与交付界面或平台的顺利保障。可以这么讲,关乎当事人履行合同义务的要素除了碳交易合同当事人本身的原由外,如碳交易合同当事人一方或双方解散、清算或破产,合同外的客观因素也是导致合同违约的一个重要因素。

3. 国际碳交易合同违约的救济方式,既有作为碳交易买卖双务合同的共有的救济方式,也有买方或卖方违约而出现的单独的救济方式。这种优势源于双务合同中单边违约和双边违约情形下各自获得的特定的法律救济。但不管是哪种救济方式,都需要在买方与卖方之间寻求最为公平的处理方式。

4. 国际碳交易合同违约受到来自中间机构的影响甚多。因为,基于《京都议定书》及其三机制的全球影响,国际碳交易大多是项目类的。项目类的碳交易要经过众多的环节,且需受到来自联合国监管机构的制约,如 CDM 项目必须得到 DOE 的审核、审查,EB 的批准。而这并非是碳交易合同双方可以确保无误与之很好沟通的。特别是对于"基础四国"等一大批发展中国家,属于《京都议定书》附件一非缔约方国家,往往是作为卖方的地位存在,在此点上更是处于劣势地位,除涉及合同违约外,还往往会产生碳交易业主与中间机构的代理违约之诉。例如,2011 年年底,在北京朝阳区人民法院进行的中国碳减排行业第一桩诉讼案就是一起典型的因碳减排项目委托协议而引起的被委托方与联合国指定机构进行的审定核查协议纠纷。①

① 该案始于 2009 年,浙江能源集团华光潭水电有限公司与上海太比雅环保公司签订协议,前者委托后者进行碳减排交易。按照联合国对《京都议定书》清洁发展机制项目的程序规定,太比雅公司必须提交材料给联合国指定的认证机构,由后者签发自愿减排额度,太比雅公司的委托任务才能顺利进行。于是,太比雅公司选定挪威船级社在北京的公司——北京挪华威认证有限公司(以下简称挪华威)为认证机构。2009 年 3 月,项目正式启动。其间,华光潭水电公司和太比雅公司按照挪华威的要求,提供各种材料和证据文件。但挪华威却无限拖延了时间,以致华光潭项目错过了申请自愿减排项目的时限。2011 年 9 月,太比雅公司一纸诉状将挪华威告上法庭。挪华威最初提出"管辖权异议"。2011 年 11 月 26 日,北京朝阳区法院正式驳回了挪威船级社关于案件审查"管辖权异议"的申请,确定该案将在中国境内审理。目前,该案还在审理中。请参见倪晓铭. 碳减排第一案暴露联合国碳交易机制不足[DB/OL]. 国际法学研究网, http://www.cuplfil.com/info_detail.asp? infoid = 292,最后访问日 2011-11-27.

二、国际碳交易合同违约的种类

到现在为止,还没有理论上的教科书对国际碳交易合同违约的种类进行有效梳理和归纳。本书将结合碳交易规则和合同法法理上的观点试作一个类别划分。

(一)国际碳交易规则对碳交易买卖双方违约的情形划分

1.买卖双方共同违约的情形。基于国际碳交易合同权利与义务的对等,合同交易双方因考虑各种国际国内的交易风险,都可能围绕先履行合同义务而强调对方先履行,而没有按时履行好自己的义务;或者尽管交易双方都愿意按照合同约定的既定条款如实地履行,但由于本身的原因,不能全部或部分地履行好自己的义务;或者受到来自客观的外部环境影响,但又不足以达到不可抗力之程度而需对对方承担违约之责任等。不管是哪一种导致违约的情形,都是碳交易双方应当加以重视的地方,并预先查明可能产生违约的因素,而有的放矢地采取措施予以解决。

依据 CERSPA 第 10 条第 1 款的规定,并结合其他类型的碳交易模板相关条款,对于一般的国际碳交易行为,涉及买卖双方都可能违约的情形主要有以下几种:(1)进行碳交易买卖的企业实体解散、清算、资不抵债或破产(自愿或非自愿)。如果是项目类的碳交易,则不仅仅是进行实质交易的企业实体的解散、清算、资不抵债或破产会导致违约,就连作为企业实体的委托代理人(认证机构等)解散、清算、资不抵债或破产也会导致如此结果;(2)碳交易合同的一方合理地认为,严重不利地影响到该方履行其在本协议下的义务能力的所有权或控制权发生了变更,而使得义务履行不能;(3)碳交易合同的双方都违反了本协议的任何重要条款,以致碳交易合同的履行受到了严重阻碍或不能,如主体资格条款的瑕疵、交付标的数减少等;(4)碳交易双方有明知或粗心大意地提供严重失实或具误导性的资料或陈述。按照国际商事交易的一般做法,在大多数的国际碳交易过程中,交易双方可以选择法律而且常为英国法，这就确定了碳交易双方在进行实质碳交易前的行为，需向对方提供相关详实的资料，并做出明确的陈述与保证。陈述与保证条款的应用是与英国合同法下一个重要的概念“误述”联系起来的。一旦陈述的内容不实，就构成了误述，而被误导的一方，就可以根据立法的规定①或者是普通法的原则，②撤销合同和/或主张损害赔偿。

2. 买方单独违约的情形。国际碳交易合同的买方的付款违约是买方的一项根本违约事件。对于碳交易买方来说，接收碳排放交易量和付款是其两项根本任务，如果碳交易买方不接收碳排放交易指标或接收后不支付对价，同样会陷入履行合同不能、根本违约的境地。

3. 卖方单独违约的情形。国际碳交易合同的卖方未能交付是卖方的一项违约事件，除非卖方提供了替代核证减排量，以避免该未能交付。应当说，这是碳交易卖方的最为主要的合同义务，一旦卖方没有对买方实现这一义务或作出替代性安排，卖方将陷入履行合同不能、根本违约的境地。

按照一般的碳交易平台和模板规则，对于在碳交易过程中有着违约的一方有尽立即通知以避免对方扩大损失的义务。任何违约通知应包括以下内容：(1)违约事件的详情；(2)违约事件可以被补救前可能出现的延误。否则，如果违约方未能证明违约事件已经在发出违约通知后的一段时期内获得纠正，则守约方有权获得法律或规则所规定的补救措施。

(二)合同法法理上的碳交易违约情形划分

有关违约的类别，在大陆法系国家和英美法系国家是不同的。但由于近几十年里，国际商事合同领域的法律趋同性得到了增强，在有关国际贸易的合同领域，在众多的理念和操作方面愈趋愈近，2004 年《国际商事合同通则》、2010 年《国际贸易术语解释通则》等都有反映国际商事领域这一最新

---

① 如 Misrepresentation Act 1967(as amended).

② 如基于“谨慎义务”(duty of care)的侵权之诉。参见 Hedley Byrne & Co Ltd v Heller & partnership Ltd(1964) AC 465.

的变化。2005 年《京都议定书》生效后，京都三机制在较广泛的领域实施，国际碳交易合同也正是在此背景下得到了最广泛的应用。尽管由于国际碳交易的特殊性，国际碳交易合同不能适用国际商事领域中的相关法律法规，但就可操作的规则还应当是相通的。因此，本书将融合大陆法和英美法的观点，对国际碳交易合同违约类别作一法理上的划分。

1. 附随合同条款违约和主合同条款违约。国际碳交易合同的条款较多，特别是项目类的碳交易合同更是涉及合同的概念、先决条件、陈述与保证、报告与通信等内容。如果像先决条件、陈述与保证那样的条款增多，也就意味着影响核心条款义务的内容增多。附随合同条款违约，正是围绕碳交易当事人在缔结合同过程中约定的对合同效力产生至关重要影响的那些合同条款义务的违反而产生的合同责任。如先决条件条款，它在碳交易合同中是交易双方的"保护伞"，但往往会起到"双刃箭"的作用，以"CDM 项目在 CDM 执行理事会注册成功"的先决条件为例，一方面它保护了卖方，使其不用承担因 CDM 项目未注册成功而导致不能向买方交付 CERs 的违约责任；另一方面它也使买方免于无限期地等待 CDM 项目注册，使其可以及时地寻求其他的交易机会。又如陈述与保证事项，本身是为主合同条款内容的补充说明或确认，但由于陈述或保证在不同阶段要求作出，且极易受到碳交易合同履行过程中的客观因素影响，以至哪些事实可以陈述与保证，哪些事实不可以陈述与保证，就需交易当事人谨慎对待。通常情况下，主体设立、存续的合法性、具备订约资格及合法授权、合同有效性等类型的事项可以被重复陈述，而那些无诉讼、无重大负债等超过控制范围的事项则不宜被重复陈述。如果碳交易合同的先决条件设置不合理、陈述与保证不确切，就会使得在合同履行过程中因先决条件的不充分、陈述与保证与客观事实不符而使当事人承受附随合同条款违约责任。主合同条款违约，则是与碳交易合同主要条款义务相关的合同责任，如碳交易卖方的 CERs 交付、买方的付款等。

2. 预期根本违约和实际根本违约。预期根本违约，一般是英美国法系国家的制度，大陆法系国家不对此作具体规定，而往往只注重实质违约。预期根本违约，又称先期违约，是指在合同订立后，履行期到来之前，一方表示拒绝履行合同的意图。该制度明确可见的有《美国统一商法典》第 2 - 609 条。预期违约可以分为明示预期违约情形和默示预期违约两种情形。[①] 实际根本违约，是指合同履行过程中的根本违约，也是一般通常意义上讨论的根本违约。大陆法系把违约形态进行了具体的分类，如给付不能、给付迟延、给付拒绝和不完全给付，因此根本违约也就存在于这些具体的分类形态中。

事实上，实践中的国际碳交易合同大都适用英国法，预期根本违约和实质根本违约两种形态都存在于该类合同中。在国际碳交易中，交易双方对各自的交易能力都应该有一个充分的评估，以应对在履行合同过程中可能出现的各种违约的情况，特别是对于京都三机制中的项目型的碳交易更是如此。因为，在国际碳交易合同中，碳交易买卖、交付与付款这些条款更类似于一般的货物买卖合同中的同类条款，因此其起草和谈判更多的取决于碳减排交易合同下各方的谈判实力和商业上的考虑。但作为商业性的合同，碳交易合同又不完全等同于一般的国际贸易合同，原因是国际贸易中一些成熟的惯例和安排无法在碳减排交易合同下实现。这就使碳减排交易合同下的买卖交易风险分配更加不确定，也更加依赖于各方的谈判实力和谈判技巧。因而，实践中碳减排交易合同下的交付方式和付款方式更加简单。卖方通过将 CER 转入买方登记账户后，交付即告完成。而付款通常在交付

① 明示预期违约，是指合同有效成立后至合同约定的履行期限届满前，一方当事人明确肯定地向另一方当事人表示其将不履行合同义务，不履行义务一方构成根本违约，对方可以解除合同；默示预期违约，是指预期违约方并未将到期不履行合同义务的意思表示出来，另一方只是根据预期违约方的某些情况或行为，如履行义务的能力有缺陷、商业信用不佳、准备履行合同或履行合同过程中的行为表明有不能或不会履行的危险等来预见其将不履行合同义务，此时可以终止自己相应的履行并要求对方在合理的期限内提供其能够履行的保证，若对方未能在此合理期限内提供履行保证，即构成根本违约，预见方才可以解除合同。

后的一定时期内完成。[①] 因此,对于国际碳交易来说,碳交易当事人的交易能力与客观环境(如交易平台的硬件设施、交易所规则的规范与便利等)决定了交易当事人面对可能的违约风险而采取预期违约或是实质违约的手段来避免更大的风险。

3. 全部条款违约和部分条款违约。此种分类是基于合同条款在一定程度上的独立性所采取的方法。全部条款违约是指所有的合同条款都不能达成合同目的违约;部分条款违约是指导致合同目的部分不能达成的条款违约。在国际碳交易合同中,对于碳交易一方当事人拒绝履行、全部履行不能就可构成全部条款违约;对于碳交易一方当事人延迟履行、瑕疵履行或是部分履行不能则构成部分条款违约。针对不同的违约情形,碳交易当事人的另一方就可采取相应的措施来要求违约一方赔偿损失,直至解除合同。

三、国际碳交易合同违约救济

(一)碳交易合同违约救济

合同任何一方当事人违约都将导致一系列的后果,如使非违约当事人遭受经济损失、信誉受损等。按照民商事的责任追究原则,有损害就得有救济。一般来说,非违约当事人有权要求违约当事人继续履行合同(替代性安排)、赔偿损失、终止合同以及综合运用这些权利。而且,按照英美国家的合同法律制度,在违约方根本性违约的情况下,非违约方通常有两种选择:接受这一事实终止合同;或者确认合同继续存在,等待合同履行期的到来。[②] 但不管非违约方是选择哪种方式,违约方均将负有赔偿非违约方损失的次要义务。[③]

---

① 何生."碳交易"大作战 如何买卖 CDM 减排量? [DB/OL]. 证券之星,http://stock.stockstar.com/SS2009091430190762_1.shtml,最后访问日 2011 - 11 - 27。

② Fercometal SARL v. Med. Terranean shipping Co. SA [1989] A. C. 788. 转引自李先波. 英美合同解除制度研究[M]. 北京:北京大学出版社,2008:277.

③ 李先波. 英美合同解除制度研究[M]. 北京:北京大学出版社,2008:277.

国际碳交易合同的违约与大多数的国际商事合同违约有类似的情形，因而在违约的救济方面也尽显商事合同的挽救之法。在国际碳排放交易合同中都包含有合同当事人违约后的非违约当事人救济措施，例如在 CERSPA 中，其通过第 10 条的 3 个条款①对碳交易买方和卖方在对方违约情形下的补救措施进行了规定。

（二）碳交易合同违约救济的具体措施

1. 违约方赔偿损失。在违约的救济上，英美国家的合同法更强调其补偿性。对于实际履行，它只是衡平法上的一种救济方式，仅仅是作为一种补充救济方式的例外情形而存在，在大部分因为违约造成损害的情况下，损害赔偿仍是首要的救济手段。如联合国排放贸易协会制定的碳交易合同模板第 6 条②和 CERSPA 中的第 10 条③规定。只不过，就具体的国际碳交易合同违约的损害赔偿，其计算的依据和方法是怎样的呢？应当说，目前没有单独的就国际碳交易合同违约的损害赔偿的进行法理或其它依据上的阐释，但本书在前文陈述过，碳交易仍然是国际商品交易，因而有关国际商事合同违约损害赔偿的法理依据是可以作为国际碳交易合同违约损害赔偿借鉴的。

首先，我们来考察一下计算碳交易违约的损害赔偿的法理依据。从经济学和法学双重视角来看，哪一种救济最能够激励当事人最佳地履行合同，见仁见智。早期的文献主要围绕巴顿（Barton，1972）和夏维尔（Shavell，1980）教授的著述展开的。巴顿先生提出的疑问是：一个单独的、价值最大化的公司会怎样去设计测算损害程度的方法，以诱导该公司的两个分部作出最佳的违约与信赖投资。通过回答这个问题，他得出了违约与救济的最

① 参见 CERSPA 第 10.03“买方与违约事件有关的补救措施”、10.04“卖方与违约事件有关的补救措施”和 10.05“市场价格的计算”条款。

② 参见 IETA2006 年的 Code of CDM Terms 3.0 下的 Section 6.0。

③ 参见 CERSPA 第 10 条。

佳关系的选择模型。夏维尔通过确定"帕累托有效的完整的条件性合同"来选择最佳的违约救济方法。巴顿和夏维尔的理论框架均赞同"效益违约"——若合同的不履行比合同的履行会使当事人双方的福利增加得更多、更大,那么,不履行也是允许的。以假设的框架下当事人可能选择的权益作为模型,设计法律救济,是这两种理论模型的原理。当涉及损害赔偿的时候,违反合同的救济可以被视为承诺人为他违反合同义务支付的"代价"。违约的代价被提高将诱导承诺人作出更大的努力去履行合同,这样做必然要求他付出更多的成本。"损害赔偿救济"应该鼓励人们进行最佳的履行合同的投资。损害赔偿救济的选择——通过影响承诺人对履行的承诺来影响受诺人对已被承诺的履行的信赖。此种信赖采取投资的形式将增大受诺人的履行价值,也会在承诺人发生不履行的情形下增大受诺人的损失。最佳的履行和最佳的信赖将使当事人履行成本与信赖成本净值带来的预期的共同价值的最大化。① 法律与经济学的文献将预期损害赔偿作为与促进最佳履行与信赖的投资相匹配的损害测算方法。预期损害赔偿迫使违反己方承诺的承诺人对受诺人预期合同利益予以补偿,由此使受诺人达到若合同正常履行他本可以获得的相同层次的效用。这将使之与受诺人预期的福利与责任联系起来,在缺乏违约时无其他外部性的条件下为效益履约创造激励因素。②

然而,根据预期损害赔偿的原理,受诺人将给予过度的信赖。在发生违约之时,通过补偿受诺人预期可得的利益,预期损害赔偿将作为一种"隐蔽的保险形式",诱导受诺人对信赖利益进行投资,似乎履行可能确定无疑地

---

① When parties are risk - averse, these objectives need to be balanced against the risk - allocation functions (Miceli, 1998).

② The standard taxonomy of contract damages is generally based on the distinctions among expectation, reliance, and restitution interests (Fuller and Perdue, 1936). Commonly adopted measures of damages in contract law are linked to one of these three ‘interests’ of the promisee. See also Mahoney (2000).

转化为物质形式。① 这些显而易见的结果源于有双方当事人的模型,各自发挥着特定的作用:承诺人——对履行负有债务之人,对履行努力进行投资,而受诺人——对履行享有债权之人,对信赖进行投资。按照这样的理论模型,受诺人的义务是以金钱代价的形式出现的,是向另一方当事人支付的一笔金钱,以此作为换取他履行的"对价"。由于金钱性质的代价所换取的价值被假定为对双方当事人是同等的,所以,将金钱从一方当事人转向另一方当事人不会有任何盈余。

其次,我们再来考察一下计算碳交易违约的损害赔偿方法问题。这不同于碳交易违约损害赔偿的理论性问题,它需要有明确的计算公式,以利于在国际碳交易当事人发生违约损害时,违约方和非违约方都能找到合适的途径和计算方法来确定违约损害赔偿的数额大小。同时,此类方法还有利于没有违约时各方当事人对违约事项的价值评估,以保证履约的诚信度。

就现在各类碳交易合同模板的规定来看,对碳交易合同当事人损害赔偿的计算,通常以"市场价格"作为参考标准,以计算市场价格和合同价格的差,作为一方损失的主要依据。这也是英国买卖法损害赔偿计算的首要方法和碳减排交易合同当事人常用的违约后的救济方法,如 CERSPA 第 10 条第 10.03 款"买方与违约事件有关的补救措施"第(b)项"如果违约事件是因为卖方的故意违约(或严重疏忽)造成的,则除了第 10.03(a)条的补救措施外,买方可以要求卖方:如果违约事件是或者导致未能交付,且市场价格高于单价,则支付未能交付时的市场价格与单价乘以剩余核证减排量(其计算

① The issue of optimal remedies for breach of contracts has been investigated from a different perspective within the framework of incomplete contracts. Standard results show that the impossibility of entering into complete contracts that specify the efficient level of effort and reliance in each state contingency induces underinvestment in relationship - specific assets (Williamson, 1985; Hart and Moore, 1988, 1990). However, even in the prospect of later holdups, the presence of adequate contractual protection can mitigate the problem of underinvestment. When renegotiation is available even incomplete contracts can induce the parties to invest at an efficient level when either specific performance or expectation damages are applied as breach remedies (Edlin and Reichelstein, 1995).

应是合约核证减排量减去直至违约事件时已交付的实际核证减排量)之间的差额";第10.04"卖方与违约事件有关的补救措施"第(c)项"如果违约事件是因为买方的故意违约(或严重疏忽)造成的,则除了第10.04(a)和10.04(b)条的补救措施外,卖方可以要求买方:如果违约事件是或者导致付款违约,且市场价格低于单价,则支付款违约时的市场价格与单价乘以剩余核证减排量(其计算应是合约核证减排量减去直至违约事件时已交付的实际核证减排量)之间的差额";第10.05"市场价格的计算"第(a)项"在出现违约事件的该年,市场价格应相等于现货价"和第(b)项"为了计算出现违约事件该年后每一年的市场价格,在出现违约事件时,每一方均应提名一名经纪,而该两名经纪应选择一第三方独立经纪。按上述挑选的经纪应在接获指示后的15个营业日内,就(与本协议的条款和条件类似的远期合约下出售的类似核证减排量的)其价格报价而进行沟通,且市场价格应相等于经纪价格报价的平均价。如果卖方在其收到买方已提名经纪的通知后的15个营业日内没有提名经纪,则卖方应被视为放弃其提名经纪的权利,而市场价格应由买方提名的经纪确定。如果买方在其收到卖方已提名经纪的通知后的15个营业日内没有提名经纪,则买方应被视为放弃其提名经纪的权利,而市场价格应由卖方提名的经纪确定"。

因此,关于国际碳交易合同违约救济的首选方式就是违约损害赔偿。而其提出的法理来源则是依照对非违约当事人所遭受的直接损失、间接损失、机会损失、名誉损失等损失项目的平衡;具体的计算则是采用碳排放指标的"市场价格"作为参考标准,计算市场价格和合同价格的差后作为定损依据。

2. 继续履行合同。除了上述的当事人违约损害赔偿外,国际碳交易买卖的双方都还应注意到的是,在碳减排交易合同下,获得救济的方法并非只有损害赔偿一种。在英美国家的合同法律中,还规定了强制履行的方法。即英美国家通过实际履行令和禁令的方式救济非违约一方。实际履行令和禁令是英美衡平法上的两种主要救济方式，前者用于强制当事人实施积极的合同或合同义务，后者用于消极合同，禁止当事人去做他在合同中已经承诺不去做的事情。一般来说，英美国家适用实际履行令和禁令来补偿非违约一方的损害时，"必须是损害赔偿没有给予恰当或充分的救济，而且原告必须公正行事"。[①] 因此，当国际碳交易合同当事人一方违约，而另一方没有从该违约方处获得恰当或充分的救济时，他就可以通过强制令（包括有些合同法条款的规定等）的授权要求违约一方继续履行合同，以保证其对碳减排量的需求。例如，在国际碳交易合同中，对于卖方交付失败的情形，买方首要的救济手段是寻求损害赔偿，但同时他可以选择解除合同、取回货款（以支付为前提），或者是主张合同继续有效，要求卖方交付替代的 CERs。[②]

3. 解除合同。解除合同是所有国际商事合同最为严厉、最极端的一种处罚方式。因为，合同的解除并不意味着违约责任的免除。在国际碳交易合同中，导致解除合同的情形有多种，如没有达成先决条件所设定的内容、陈述和保证条款错误或者是有误导性的情况、合同主体（企业实体）出现清算、资不抵债、破产等情形、合同当事人违反主要合同义务、卖方交付 CERs 失败、买方支付失败等。那么，对于国际碳交易合同，非违约方当事人采取的解除措施，如何才能保证其行为的合法性和正当性呢？

合同解除在合同法领域又称为"自助救济（SELF - HELP）"。[③] 尽管从严格的合同意义上讲，终止合同并非救济措施：其效力是免除当事人进一步履行合同的责任，并互惠性地将所有交换恢复至履约前阶段或使当事人有权利恢复原状或使当事人获得替代物。[④] 当然，对于这种最不愿为合同当事人所看到和采取的一种救济方式，在不同的国际公约、不同的国度，其所采

① 李先波. 英美合同解除制度研究[M. 北京：北京大学出版社，2008：378.

② 例如 IETA 的 ERPA3.0.

③ See, e.g., France 4 June 2004 Cour d' appel [Appellate Court] Paris (SARL NE... v. SAS AMI... et SA Les Comptoirs M···).

④ See PECL Art. 9:309.

取的方式是有差别的。如1980年《联合国国际货物销售合同公约》(以下简称CISG)[①]和2003年《欧洲合同法原则》(以下简称PECL)[②]在设计合同终止时就具有相同的特点,即CISG设计的合同终止制度具有自治、单边的特征:无需请求法院采取任何行动,完全可以通过适当的声明来实施完成。[③]终止合同的声明可以是向对方发出通知。这样的通知具有履行的意义:一旦合法地尽到了通知义务,合同即告终止。PECL与CISG的理念是相同的:仅需向违约方发出终止通知即可生效,属于单方法律行为。[④] 这一点显然不同于欧洲几个国家的合同法的规定:一般原则是合同终止要求诉诸法院裁决。[⑤]当然,合同当事人必须认识到这样的事实:在此后的诉讼中仲裁庭或法院可能否决这样的主张——一项特定的违约赋予合同终止以正当根据,也可能否决"终止合同已有适当通知"的辩解。因此,也可以这样理解,一项国际商事合同的解除,是对违约方的最大惩罚,非违约方必须采取正当的措施和正当的程序才可以执行。国际碳交易合同也不例外。

第五节 小结

自《京都议定书》确定了"京都三机制"以来,国际碳交易的频率和数量

---

① see JOHN HONNOLD, UNIFORM LAW FOR INTERNATIONAL SALES (Kluwer, 1999). A vast, updated and masterly organized source of CISG – related materials is available on the Pace University website at http://cisgw3. law. pace. edu/cisg. html.

② See OLE LANDO AND HUGH BEALE (EDS.), PRINCIPLES OF EUROPEAN CONTRACT LAW: PARTS I AND II (Kluwer Law International (2000) (hereinafter "Lando and Beale").

③ See CISG 26, PECL 9:303; See also UNIDROIT Art. 7.3.2.

④ See PECL Art. 9:304(4).

⑤ French, Belgian and Luxembourg Civil Code Art. 1184(2) (although clauses allowing automatic termination – clauses résolutoire de plein droit – are also available), Italian Civil Code Art. 1453 and Spanish Civil Code Art. 1124 (though in Spain a notice of termination may be effective if it is accepted by the defaulting party). See also LANDO AND BEALE at pp. 410, 415 n1.

每年都在成倍地增长,国际碳交易的平台也在不断扩大,国际碳交易合同的标准模板也在不断地增加。这反映了国际碳交易市场发展的脉落与轨迹,更反映了国际碳交易急需要国际法律规范的调整。因为,国际碳交易的行为必须得到有效监管和约束,国际碳交易的市场才能有序和规范在运转。而这,在一定程度上是通过国际碳交易合同的有效规范达成的。国际碳交易合同,是指地处不同国家的买方按照京都机制设定的或自愿交易体系约定俗成的目的,而与为获得资金或技术的他国卖方签订的以碳排放配额或信用为标的的买卖协议。它具有国际性、交付的特殊性、标的特殊性、法律适用的特殊性、涉外性等几个特点。同时,作为国际性的商品交易合同,国际碳交易合同还有国际商事合同的平等性、合同本身内容的精准性和模糊性等国际法属性。解读国际碳交易合同主体和客体、权利和义务、履约程序和法律效力等内容的特殊性,其目的是为了碳交易合同的更好履行,避免违约——而即使如此,也应当采取合适的补救措施对其予以充分救济。

第五章 国际碳交易限制措施与 WTO 规则间的冲突与一致性

随着《京都议定书》条件下的“京都三机制”确立，国际碳交易作为一种新型国际贸易形式也随之在相关国际法律法规的调整下不断扩大。但由于碳交易客体“碳排放权”的法律属性尚存争议，国际社会仍未将碳交易作为一种可为法律确认的贸易种类，从而与 WTO 框架下的各类贸易行为形成明显差别。并且，《联合国气候变化框架公约》、《京都议定书》和各国法律法规以及多边国际部门环境协定在设定碳减排目标上的规范不同，将构成对碳交易的规范与 WTO 贸易法律规则之间的冲突。根据《关税及贸易总协定》的规定，世界贸易组织成员在遵守《关税及贸易总协定》的规则或符合其中的例外原则的前提下，可以采取措施保护环境和人类的健康和生活。因此，我们应当围绕碳交易减排的目标和国际自由贸易的目标一致而充分协调国际碳交易限制措施与 WTO 规则间的冲突。

第一节 国际碳交易限制措施与 WTO 规则间的冲突背景分析

一、WTO 规则体系下的碳交易贸易限制措施考察

（一）WTO 规则体系下的碳交易贸易限制措施内涵

国际碳交易是控制温室气体、解决气候变化的一种市场机制措施。通

过这一措施,可以有效降低控制温室气体成本。为此,世界各国发挥自己的资金和技术优势,展开了对国内和国际碳交易体系的研究和建设。但各国在有关气候变化可能对各自所造成的危害以及避免进一步的伤害而进行财力支持的意愿是不同的。为了保证应对气候变化政策的有效实施,世界各国需在要国际层面加强合作。如为有效执行《联合国气候变化框架公约》和《京都议定书》所确定的“共同但有区别”的责任原则,发达国家需要向发展中国家提供资金和技术援助等。而这,基于政治、经济和文化等方面的利益衡量,各国针对气候变化的合作也存在诸多的困难。如世界各国在进行国际碳交易的过程中,可能对碳交易排放超额指标的进出口征收碳税、进行碳交易补贴、实行碳交易标签、对碳排放认证实施行政管制、要求交易国控制使用配额数量等贸易限制措施。甚至有针对碳排放交易产品的生产过程中所应用的工艺和生产方式为基础而征收相应的关税。这些围绕碳交易的贸易限制措施并非是国际碳交易本身,但却是国际碳交易过程中必然会发生的问题。

尽管,国际碳交易客体“碳排放权”的法律属性尚存争议,导致目前国际碳交易并没有纳入到世界自由贸易体系的范畴中来,但世界贸易体系是一个不断发展并具有包容精神的自由体系。在这样一个历史进程中,随着越来越多国家准备批准采用环境友好政策,经济与贸易的发展与变化很有可能会进一步提升对贸易与气候制度的关系问题的关注程度。1995 年奠定世界贸易组织成立的《马拉喀什协定》序言中明确表述,世界贸易组织认识到寻求“保护和维护环境”的重要性。《京都议定书》规定签约各方应“努力履行公约所订立的政策和措施,最大限度地减少对国际贸易的不利影响”。而在《多哈公报》中也特别明确表述“坚持和保障开放的非歧视的多边贸易体制的目标与保护环境、促进可持续发展的目标能够也是必须相互支持的”。[①] 由此可以看出，国际碳交易的贸易限制措施在现在并不能为世界贸易组织的规则体系所完全接受，但却因贸易与环境中的人类可持续发展的共同目标又融合在一起。

(二)国际碳交易贸易限制措施与 WTO 规则冲突的原因

1. 国际碳交易市场与法律规范体系没有完全统一，无法一时融入世界自由贸易体系。这是国际碳交易的事实问题。国际碳交易作为解决地球气温升高的一种替代解决方式，是从经济角度，以市场为依托，以市场的运行机制为架构，以最低的成本达成减排降温的效果。要做到这一点，必须以完善的市场体系、有效的市场机制、公正公平的规范为前提。但目前的实际情况是，单不说中国还没有形成碳交易的市场，就连美国、欧盟等地的碳交易市场也是存在市场分割行为，导致国际上各交易系统独立、交易完成分割、不统一。而与这相对应的各调整法律规范也是独立的、不统一的。原因是，在国际上的各类碳交易体系都是与《联合国气候变化框架公约》和《京都议定书》相关联的。而在《京都议定书》中，将世界各国家分为附件一缔约国和非附件一缔约国，只有附件一缔约国才具有强制的国际碳减排义务，才可以完全适用京都三机制的方式来进行碳交易，实现碳交易各项措施的对接；而非附件一缔约国一般只能作为卖方，参与京都三机制的 CDM 项目。而且，作为世界上第一大碳排放的美国，不但退出了《京都议定书》，且在退出之后的历届联合国气候大会上跟欧盟和发展中国家采取了几乎对立的态度，来限制和排挤京都机制实施以及发展中国家。并且，2012 年以后《京都议定

① The World Bank. 国际贸易与气候变化——经济、法律和制度分析[M]. 廖玫译. 北京：高等教育出版社，2010：34 - 38.

书》的走向并未明朗化，且有京都附件一缔约国退出的现象，[①]国际碳交易的市场化统一将会遇到很大的阻力，前行的困难不可预料。因此，是目前的国际碳交易市场分割较多，市场的运行机制不畅，运作体系规范化尚需时日，才导致了适用国际碳交易法律与WTO规则冲突的事实存在。

2. 各国对碳交易问题的立法、碳交易的多边协定与WTO的规则不同。本书在第3章第2节的“各国法律部分”介绍了美国、英国、日本和德国法律。应当说，就这四个国家，在有关碳交易的法律规定方面就存在很大的差别。首先，美国和英国属于英美法系，虽然涉及碳交易的立法不少，[②]如美国的《能源法》、《清洁生产法》、《美国气候安全法案》、《消费者权益保护法》，英国的《气候变化法》，但在实践中，美国和英国更受到普通法的影响，有关碳交易的法律规定不但见于美英国家为规范碳交易的综合性的法律规范中，还散见于美英国家中的地方性法律规范中和有关大公司的排放控制规范中。日本和德国属于大陆法系，则是在一个完整的立法体系下对碳交易的规范，如日本的《全球气候变暖对策推进法》、《全球气候变暖对策基本法案》，德国的《温室气体排放交易法》等就是如此。其次，美国是独立于京都机制之外的国家，但又是最早建立碳交易市场进行碳交易的国家，因此，美国各层次的法律规范，对碳排放配额的分配、拍卖、借用和交易，以及减排信用额度的取得和使用都作出了规定，且美国的大多数法案还提供了经济激

---

① 2011年12月11日清晨，南非德班气候大会闭幕。会议最终取得五项成果：一是坚持了《联合国气候变化框架公约》、《京都议定书》和“巴厘路线图”授权，坚持了双轨谈判机制，坚持了“共同但有区别的责任”原则；二是就发展中国家最为关心的《京都议定书》第二承诺期问题作出了安排；三是在资金问题上取得了重要进展，启动了绿色气候基金；四是在坎昆协议基础上进一步明确和细化了适应、技术、能力建设和透明度的机制安排；五是深入讨论了2020年后进一步加强公约实施的安排，并明确了相关进程，向国际社会发出积极信号。但德班会议未能全部完成“巴厘路线图”谈判，落实坎昆协议和德班会议成果仍需时日。而会议后的第二天，加拿大就退出了《京都议定书》，说明了国际气候变化控制的进程道路曲折。

② 如2001~2008年，美国国会经历了107~110届国会，参议院和众议院所提出的与气候变化相关的法案、决议与修正案分别是31件、96件和150件，其中以市场为基础的综合性气候法案多达15个。参见郭冬梅. 应对气候变化法律制度研究[M]. 北京：法律出版社，2010：116.

励机制,以鼓励温室气体减排技术的发展,并保障气候变化对贫困人群的影响在一个合理的适应范围内。而英国、日本和德国则是在京都机制下的碳交易国度,各国内的法律规定既是参照《京都议定书》所设定的三机制设定,同时又考虑到各国内的碳减排实际状况进行。再次,英国和德国还是欧盟碳排放交易体系成员,他们不但要将《京都议定书》所设定的义务转化为国内法律规定对各具体公司的义务,还要依照京都三机制和欧盟排放交易指令中的机制来设定各国实施碳减排的具体交易措施。另外,在国际上,欧洲的一些国家,如挪威、瑞士等,澳洲国家,如澳大利亚等,都对碳交易作了一些很好的相关的法律规定。①

上述国家的法律规定和政策经验表明,世界各国就碳交易的法律规定,要么是京都三机制下的,要么属于自愿碳减排交易机制的;要么交易的内涵规定得比较宽泛,且交易的措施规定得比较详细,如美国和欧洲的一国家,要么规定得较窄,且交易措施也是粗线条式的,如大多数发展中国家只能作为卖方参与京都三机制之一的 CDM 项目,其国内的碳交易法律规定也就只涉及 CDM 项目方面的,围绕碳交易项目形式和内容的国内法规定也就较少且适用不广,如我国就是如此。因此,关于碳交易的各国内法规定,基于法系的不同、碳交易机制设定的不同、具体碳交易的类别规定不同、碳交易过程中适用其他一般法的不同(如合同法)、同类性质碳交易项目国内法管制的不同(如 CDM 项目行政监管制度),自然在各国参与国际碳交易过程中,产生了不同法系、不同国家法律为维护各自国家利益的问题。

WTO 规则没有国际碳交易的有关规定,但在国际贸易领域要求各国的贸易法律制度在对待第三国时要一视同仁,给予他国国民待遇和最惠国待遇,不得有数量歧视,除非有例外规定。因而,各国碳交易的立法在基本法律原则、具体实施措施上都可能与 WTO 规则存在较大不同。而且,在 WTO

① 郭冬梅. 应对气候变化法律制度研究[M]. 北京:法律出版社,2010. 121 - 129.

规则体系下，虽然在《建立世界贸易组织的马拉喀什协定》的序言中强调可持续发展原则，但WTO本身是一个基于货物、服务等领域的自由贸易组织，不是一个环境组织，它在贸易与环境领域的职责仅限于对影响环境的贸易政策和对贸易有显著影响的环境政策的协调，它的作用在于推进贸易自由化并确保环境政策不构成贸易壁垒，但WTO对于实施怎样的环境政策既促进贸易自由化又不会对环境造成不良影响没有系统和深层次的考量，而且WTO始终坚持其推进贸易自由化的初衷，只是在一些发达成员国国内环保主义者的呼声高涨而又在谈判时有成员国提出类似议题时，才将有关环保条款纳入讨论议题，且发达国家与发展中国家在这一问题的立场总是存在分歧，以致WTO相关协议环保贸易条款的含糊表述、存在"软法"性等[①]都容易造成各国的碳交易立法与WTO规则之间的法律冲突。

3. 国家或集团利益至上与国际公共利益共享的法治理念冲突所致。国际碳交易是含有涉外因素的国际民商事关系。各国基于对碳排放配额的主权享有，为保护本国的利益，在买卖碳排放权的交易中，更多地从本国利益的角度出发设计相关碳交易的法律制度或政策，即使是代表不同国际阵营的碳排放交易平台，在进行国际碳交易规则的制定时，也会充分考虑各自阵营的利益。如世界银行及国际排放贸易协会制定的模板《适用于CERs购买协议的通用条款》和《减排量购买协议（第3版）》是从买方的利益角度出发设定具体的协议条款，围绕其制定和适用的相关的法律规范，则更多的为买方便利和维护角度考虑；由一些国际律师和清洁发展机制专家等起草的CERSPA则从卖方的利益角度出发设定具体的协议条款，围绕其制定和适用的相关的法律规范，则更多的为卖方便利和维护角度考虑。这种权利义务不平衡的法律制度设计，不但会在各国碳交易之间产生法律冲突，也会造成代表不同利益的国家集团之间的法律冲突；再如欧盟为了保护欧盟本区域

---

① 张荣芳.经济全球化与国际贸易法专题研究[M].北京：中国检察出版社，2008：183－188.

的利益，树立自己在碳排放交易市场的领导地位，建立了自己的碳排放交易体系，并通过立法对全世界的商用航空飞行器进入其领空征收碳排放交易税，导致国际碳交易反贸易冲突的升级。这种冲突不但违反了国际贸易规则中所确定的公平原则和非歧视原则等法律基本原则，也违反了《联合国气候变化框架公约》和《京都议定书》所确定的“共同但有区别责任”原则。因而，在有关交易双方不属于同一国家或集团而又必须保护各自国家或集团利益时，便会产生在适用保护各自国家或集团利益的法律规定与WTO法律规则之间的法律冲突。

二、碳交易的环境保护原则及其机制与自由贸易原则的冲突

国际碳交易只是解决碳排放过量的一种制度方式，或者说是一种措施，其目的是为了限制碳排放量过大导致气候升高，从而保护人类适宜的生存环境和人类的可持续发展。从此点上来看，国际碳交易是与国际环境保护原则相一致的，因而，涉及国际碳交易的公平原则——“共同但有区别”的责任原则、预防原则、人类可持续原则等原则就是与国际环境保护原则相通的。同时，国际碳交易又是一种新型的国际贸易形式，尽管它现在尚未被纳入到国际自由贸易体系中，但作为国际市场中的商品交易存在是不争的事实。按照国际自由贸易的要求，无论是国际贸易的结构效应、规模效应、产品效应、技术效应还是它的法规效应，[①]都不应构成对国际环境保护的负面影响，而应当有效保护环境；反之，各国的环境保护措施也不应当构成对国际贸易自由化的负面影响，特别是政策和法律措施不应当成为国际贸易自

① 大多数学者认为，贸易自由化对环境的影响主要是五个方面：结构效应是指贸易自由化对全球范围内产品的生产结构产生影响继而导致的环境效应；规模效应是指贸易自由化所导致的经济活动规模扩张对各国环境所造成的影响；产品效应是指特定的具体环境影响的产品和服务的跨国流动给环境造成的影响；技术效应是指在贸易自由化的促进下，技术的跨国流动对环境产生的影响；法规效应是指调整国际贸易的政策法规对环境产生的影响。参见宋俊荣. 应对气候变化的贸易措施与WTO规则：冲突与协调[M]. 上海：上海社会科学院出版社，2011：27－28.

由化的障碍。即在总体的原则上，国际碳交易和国际环境保护本身应当是一致的和没有冲突的；同时，国际碳交易与国际自由贸易体系也应当是一致的和没有冲突的。但显而易见，后者在现在并没有达到一致和没有冲突的地步，反而在总体原则和具体实施上存在冲突。

（一）“共同但有区别责任”原则与国际贸易自由化目标追求原则的冲突

“共同但有区别责任”原则是1992年《联合国气候变化框架公约》第3条所确定的一条国际社会共同合作处理因气候变暖而限制碳排放的环境保护原则。这一原则，充分考虑到发达国家与发展中国家各自的实际情况和发展中国家的特殊情况和实际需要，并在公平原则的基础上，从发达国家的实际能力出发，要求发达国家应当率先采取行动对付气候变化及其不利的影响，发展中国家则在各自能力的基础上，承担相应的责任和义务。特别是自《京都议定书》生效以来，国际社会特别是发展中国家中的“基础四国”的共同努力，要求发达国家缔约方在资金、技术等方面帮助受气候不利影响的发展中国家缔约方，而且这是发展中国家在多大程度上有效地履行其应承担公约义务的前提。因而，在这一前提下，涉及气候变化的各缔约方，特别是发展中国家缔约方更多地要考虑发展中国家自身的经济和社会发展以及消除贫困，而发达国家则要在资金和技术方面提供更多帮助，并且努力减少排放二氧化碳等温室气体。京都三机制的创设也是由于在《京都议定书》中依据“共同但有区别”的责任原则，对附件一的缔约国设定了碳排放降低的指标，从而在机制的运用上以及作为碳交易买卖的地位确定上，决定了发达国家更多地是作为买方存在，发展中国家作为卖方存在。也就是说，这一原则的确定，决定了碳交易双方的权利和义务尽管依合同是相对等的，但在实质上还是存在差别，且是为国际社会所允许的。

国际贸易自由化目标是通过国际上各种资源，特别是货物、服务和技术资源的自由流动，达成资源的合理的配置和有效利用，国际市场的充分和有序的竞争，实现促进世界人民福祉在更广范围内得以改善。国际贸易自由化目标是通过国际贸易的有关原则,如最惠国待遇原则、国民待遇原则、"相同产品"非歧视原则、禁止数量限制原则的有效落实来实现的。但目前的国际碳交易,尽管它能按照京都三机制或自愿减排机制所设定的运作模式来达成以最小成本减排的目的,却无法成为国际贸易自由的一部分。首先它不能被纳入到国际贸易的体系中来,其次关于碳交易客体对象碳排放权——配额或信用的法律属性没有得到明确的法律界定,再次是基于碳交易所属领域环境保护领域的差别例外保护措施,使得在不同国家,如发达国家与发展中国家的待遇对等方面,都不能形成一致。因而,国际碳交易背后"共同但有区别"的责任原则,虽然已经被写入到了《国际气候变化公约》和一系列的国际环境保护公约中,并被一系列的国际气候大会所坚持,但鉴于美国和一些西方国家所不完全接纳,加之国际贸易自由市场的范围扩展并非一朝一夕的事情,国际碳交易这一形式要被完全接纳进入国际贸易体系,则仍需时日。

(二)《京都议定书》及其京都三机制与贸易相关措施和国际贸易自由化原则的冲突

《联合国气候变化框架公约》没有直接限制贸易,但执行该公约的国家行动可能会对贸易产生得大的影响。[①] 特别是发达国和发展中国家在依据共同但有区别责任原则的基础上针对环境问题采取不同的措施的时候,可能会对贸易产生较大的影响。《京都议定书》在其第3条,确定了该议定书附件一国家的所有六类温室气体的全部排放量在2008~2012年承诺期间至少削减到1990年水平之下的5.2%。并且在照顾到附件一各国具体情况的前提下,议定书为每个附件一国家确定了"有差别的减排指标"。因而,围绕各国的"差别义务",各国将会做出一些实质性的政策和措施,如议定书第2条所规定的提高工业能源效率;采取措施在运输部门限制和/或削减《蒙特利尔议定书》未予管制的温室气体排放;在废物管理部门以及在能源的生

① 程路连. WTO与多边环境协议[M]. 北京:中国环境科学出版社,2005:52.

产、运输和销售方面借回收和使用以减少甲烷的排放；进一步削减与本议定书目的相反的市场偏差、财务诱因、税费减免等措施；以及如碳交易这样的市场机制的运用等。这些政策和措施，有可能对贸易产生重大影响，只有成为国际贸易规则例外范围中的因素，才可能被国际贸易体系所接纳。事实上，很多国家考虑到各自国家的实际情况，所采取的政策和措施在一定程度上可能形成对国际贸易的负面影响，从而对国际贸易自由化造成冲击。

国际碳交易的京都三机制是指联合履行机制、清洁发展机制、排放贸易机制。该三个机制是在《京都议定书》中确定的碳排放交易机制，本身受该议定书的约束。显而易见，京都三机制会对国际贸易产生影响。当然，国际碳交易本身运用三机制的目的并不会对贸易产生负面影响，特别是清洁发展机制，一方面协助发展中国家实现可持续发展和有益于公约的最终目标，另一方面协助附件一的发达国家实现议定书为其规定的量化的限制和减少排放的目标，更是受到国际社会特别是发展中国家的欢迎。但三机制却在各缔约方为实施该机制的政策或措施方面，产生了不少冲击贸易的行为：(1)联合履行机制发生在附件一发达缔约国之间，其目的与清洁发展机制的目的一致。但到现在为止，关于发达国家之间的联合履行机制的实施该如何进行，尚没有一个明确的规则。曾有发展中国家提出将清洁发展机制的规则应用于联合履行机制，但发达国家反对，主张采用较为宽松的规则，缔约方大会主席的意见也是采用较为宽松的规则。[①] 由此，基于联合履行机制创设的前提只是在发达国家之间进行，发展中国家就不可能参与联合履行机制，且发达国家主张宽松政策，就会发生在对发展中国家的清洁发展机制的碳项目要求严格，而对于发达国家之间联合履行机制的碳项目交易要求相对自由。这种区别对待的碳交易政策和措施必然与国际贸易自由化的原则相违背、相冲突；(2)清洁发展机制谈判和最后形成的结果包括清洁发展

---

① 程路连. WTO 与多边环境协议[M]. 北京：中国环境科学出版社，2005：56－57.

机制的补充性、碳汇项目能否作为清洁发展机制项目、单边项目、基准线、清洁发展机制的项目类型、缔约方会议和清洁发展机制执行理事会的分工等内容。而该机制确定的主体对象是京都议定书附件一发达国家与非附件一发展中国家,而且是以项目的形式存在,在该机制的实施过程中,不可避免地要涉及有关技术的转让、物质的进出口和投资,这些都有可能对贸易产生影响,而且鉴于"基础四国"在清洁发展机制中的举足轻重的地位,美国和欧盟等国都对以上四国采取了有针对性的政策和措施,因而在实施清洁发展机制的过程中,美国等一些发达国家采取对发展中国家的单边贸易限制措施也是自然而然的事情,从而对国际贸易自由化产生负面影响并形成冲突;(3)排放贸易是发达国家将其超额完成减排义务的指标,转让给没有完成减排义务的国家。京都议定书要求缔约方大会对其核查、报告和责任确定相关的原则、方式、规则和指南。2000年11月,在荷兰海牙召开的公约第6次缔约方会议期间,各缔约方就排放贸易的"补充性"、"责任"和"分配数量定义与互换性"等方面进行了磋商,但没有取得实质性进展,因而对贸易自由化原则不会造成直接的影响,但间接影响却是不可避免的。特别是基于俄罗斯等国"热空气"①交易可能带来的市场负面冲击是国际贸易领域之前完全没有事情。

三、WTO体系下碳交易适用具体法律规范冲突的类别

(一)合同适用法律冲突

如本书第四章所述,国际碳交易的外在形式采用合同,适用京都机制的碳交易(ERUs、CERs、AAUs的交易)和适用欧盟排放交易体系的碳交易(EU

① 按照《京都议定书》的规定,附件一国家是以1990年的碳排放量为基数而在碳减排第一阶段实现降低5.2%,而俄罗斯、乌克兰、波兰等东欧国家因为1990年的苏联解体,其重工业遭受重创,温室气体排放也大幅滑落,远低于《京都议定书》分配给其的配额。因此,这些国家手里都握有大量的排放配额盈余。国际社会就把这些没有采取任何措施的情况下产生的盈余温室气体排放配额称为"热空气",但它并非是实质上的碳减排。一旦这些国家将这些"热空气"带入碳交易市场,将对碳交易的价格带来冲击,并且可能表现为一种不公平的国际贸易行为。

ETS 的交易)都有相应的合同模板采用。在适用法律上,除了与上述碳交易相对应的《京都议定书》的第 6 条(JI)、第 12 条(CDM)和第 17 条(ET)的规定及其 EB 所设定的相关交易规则和欧盟排放交易体系规则第 23 条及其他相关规定外,在合同法律上还适用英国的合同法规则。英国合同法中有一些比较明显的特点,如十分注重合约双方的选择自由,尊重合同双方的意愿;与大陆法系重视从一般理论适用于特殊个案不同的是,英国合同法中并不存在“善意”等一般性规定,乃是从个案判断到个案适用,“遵循先例”;英国合同履行过程中,须有财产直接损失,合同一方才可强制履行,并且履行程度当与经济损失相当;[①]等等。这些都决定了英国合同法律适用与本国法律适用存在较大的不同,从而产生了实质上的英国法与本国法的具体冲突。当然,英国合同法的这些特点,也能给碳交易合同法律冲突的解决创造一定的条件,如合同自由选择原则,就能为碳交易的管辖和法律适用选择等预先设定合同条款创造条件,从而避免合同交易中再产生此类问题。

(二)国际碳交易项目投资和开发法律规制冲突

碳交易是通过一种市场的方式,来优化配置大气中的稀缺资源。碳交易的对象是二氧化碳减排量,在《京都议定书》中所设定的 6 种气体,除二氧化碳外,其余的气体都可以折算为二氧化碳减排当量。碳交易的前提是,二氧化碳减排量的来源必须确定。这有两种方式,一种是以配额的方式确定,在欧盟、澳大利亚新南威尔士、芝加哥气候交易所和英国等排放交易市场进行的碳排放许可权交易就是这种方式;另一种是以项目的方式确定,如通过清洁发展机制、联合履行以及其他减排义务获得的减排信用交易额方式。围绕后一种碳交易形式,有着更为复杂的过程,涵盖了碳减排量确定的项目投融资和开发。事实上,在京都机制下,发展中国家能够充分参与碳交易的

---

① 董立阳. 牛津大学副校长 Ewan McKendrick 教授作客“名家法学讲坛”辨析英国合同法及其国际化之惑[DB/OL]. 中国人民大学法学院网站,http://www. law. ruc. edu. cn/commu/ShowArticle. asp? ArticleID =23409,最后访问日 2011 -12 -01.

形式也就是清洁发展机制。这样,就会产生在发达国家与发达国家、发达国家与发展中国家之间的项目投融资和开发之间的法律规制冲突。

以在发达国家与发展中国家之间进行的 CDM 项目为例。CDM 是一种发达国家和发展中国家在项目级进行合作的一个机制。它的目标有两个,一是帮助发达国家,以较低成本完成它《京都议定书》所承诺的减排目标,二是通过项目级的合作,促进发展中国家可持续发展和促进发展中国家参与减缓气候变化的行动。后者需要发达国家对发展中国家提供大量的资金和技术支持。即,在 CDM 项目的过程中,发达国家以无偿或有偿的方式完成资金和技术的跨国转移。这将会形成融资和技术转移法律制度方面的冲突。

(三)围绕碳交易的贸易限制措施与 WTO 规则之间的冲突

减少温室气体排放、创造清洁的人类生存环境,是全球社会的共识。从科学的角度,地球绝大多数的碳排放量是来自产品生产过程中的温室气体。因此,各国对产品生产设置碳减排指标、要求生产过程符合碳减排要求、对达标产品加贴碳标签、对未承担减排成本的进口货物加征国境调节税和国内碳税,无疑可以向生产者施加压力,促使碳密集型投入的产业部门改进生产工艺,从事清洁生产,从而最终使全球的碳排放量得到有效控制。但是,所有这些措施都具有贸易限制性质,在表面上是与 WTO 法设定的自由贸易义务和削减市场准入壁垒的义务背道而驰的,也就必然会发生围绕碳交易的贸易限制措施与 WTO 规则之间的冲突。

第二节　国际碳交易的贸易限制措施与 WTO 多边贸易机制冲突

国际碳交易是国际社会应对气候变化的一种经济措施,气候变化是环境问题,《联合国气候变化框架公约》和《京都议定书》同样是多边环境协定,国际碳交易限制措施就是关于世界气候环境保护的贸易限制规定。基于政策价值取向上的矛盾和维护国家基本利益的不同,在发达国家和发展中国家之间的有关气候环境保护的贸易限制规定是不同的。发达国家有充足的资金和先进的技术来改善工业及其他环境,但投入的成本大,国际市场的竞争力也就受到影响,因而"发达国家往往在进口环节设立环境法规、标准或其他措施从而增加外国产品的进口成本甚至干脆将部分外国产品挡在国门之外";①发展中国家首要的问题是摆脱贫困,发展经济,贸易是其最重要的途径,因而发展中国家认为发达国家应当按照"共同但有区别"的责任原则承担更多的义务,反对在全球范围内推行统一的环境保护标准,②反对在现阶段承担任何强制性的减排义务。因此,围绕碳交易的环境贸易限制措施更多地是发达国家与发展中国家在环境与贸易发展关系的立场迥异而采取的相对立的贸易措施。这些相对立的措施有些是与世界自由贸易原则相一致的,有些是与世界自由贸易原则相违背的。违背自由贸易原则的那部分贸易限制措施,如法规、标准等会冲击 WTO 的非歧视原则和市场准入原则,从而引起国际碳交易法律制度及其相关措施与 WTO 规则之间的争端。③

一、国际碳交易限制措施与 WTO 规则之间的潜在冲突

在 WTO 框架内还没有出现有关应对气候变化的贸易措施的争端,并不意味着这种争端的不存在。事实上,围绕碳交易所采取的限制措施,如标

---

① Esty, Bridging the Trade – Environment Divide[J]. Journal of Economic Perspective, Vol. 15, 2001, p. 121.

② Daniel C. Esty, Greening the GATT: Trade, Environment and the Future, Institute for International Economics, 1994, p. 10.

③ 目前,虽然在 WTO 框架内尚未出现有关应对气候变化的贸易措施的争端,但应对气候变化的贸易措施与 WTO 规则之间的潜在冲突却是真实存在的。因此,本书也将这种"冲突"界定为"潜在的冲突"。参见 Steve Charnovitz, Trade and Climate: Potential Conflicts and Synergies, p. 2, http://www.pewclimate.org/docUpoads/Trade%20and%20Climate.pdf. 转引自宋俊荣. 应对气候变化的贸易措施与 WTO 规则:冲突与协调[M]. 上海:上海社会科学院出版社,2011:35.

准、碳税等已经引起国际社会广泛的关注，并产生了诸如围绕欧盟征收航空排碳税的争执声此起彼伏，且已经发生美国诉欧盟征收航空“碳税”案，虽然 2011 年 12 月 21 日，欧洲法院最终判决美国败诉，①但已经开启了应对气候变化贸易措施的法院诉讼先例，不远的将来，很有可能针对应对气候变化的贸易措施到 WTO 的法庭提出诉讼。

目前，国际碳交易主要有两种类型，一种是基于项目的碳排放贸易，以 JI 和 CDM 项目为代表；一种是基于配额的碳排放贸易。国际碳交易与一般国际贸易的不同之处在于，它受到较多的行政管制。例如，碳排放配额分配需要由国际组织或一国政府部门来操作，交易需进行登记，生效需相关部门批准等。在国际碳交易的过程中，国际组织及各国政府部门为维护本国的利益而会采取相关的贸易限制措施，诸如可能会对碳排放配额的进出口数量施加限制、针对特定国家施加碳排放配额的进口限制、针对碳交易产品及其生产工艺征收碳关税、在进行碳排放配额分配时构成隐性补贴等，均可能构成对 WTO 非歧视原则和市场准入原则的违反。② 具体来讲，国际碳交易的限制措施与 WTO 规则之间可能发生以下几种冲突。

（一）围绕国际碳交易标的的限制措施与 GATT 之间的潜在冲突

国际碳交易的标的可以分为配额和信用。其中，配额有分配数量单位（AAUs）、欧盟排放配额（EAUs）、芝加哥气候交易所配额、美国区域温室气体行动计划配额（RGGI 配额）；信用有核证减排量（CERs）、减排单位（ERUs）、清除单位（RMUs）、自愿减排量（VERs）等。按照 GATT（GATT1947 和 GATT1994）的序言及有关条款，都没有涉及调整范围的详细规定。但 GATT 的主要宗旨之一就是扩大货物的生产和流通，GATT 的非歧视条款，也

① 梁嘉琳等. 美国败诉欧盟征收航空碳税案 专家建议贸易反制[DB/OL]. 凤凰网，http://finance.ifeng.com/news/hqcj/20111222/5310941.shtml，最后访问日 2011-12-22.

② 张海滨. 环境与国际关系——全球环境问题的理性思考[M]. 上海：上海人民出版社，2008：185-217；黄辉. WTO 与环保——自由贸易与环境保护的冲突与协调[M]. 北京：中国环境科学出版社，2010：148-153.

都是针对产品做出的规定。因此，WTO 成员方在现阶段对 GATT 调整范围的理解是适用国际货物贸易，而且是有形的货物贸易。[①] 那么，国际碳交易的标的是否是 GATT 中所指的货物呢？本书第二章曾对国际碳交易的标的法律属性展开分析，但无论是一部分英美国家对其的财产属性界定，还是一部分大陆法系国家对其的准物权属性和环境权属性界定，还是本文认为的国际自然法属性、国际人权法属性，抑或是国际环境权益法属性，都无法否认一个事实，国际碳交易的标的是无形的"商品"，即碳排放配额或信用本身不属于有形的货物或商品，[②]它与 GATT 调整的所有的产品都是有形的货物这一事实不相符，这意味着在现阶段无法将一国直接针对国际碳交易的限制措施纳入 GATT 的调整范围。

但上述观点并非是一成不变的。由于 20 世纪 80 年代，贸易与环境的问题日益受到国际社会的关注，为加强贸易与环境在世界贸易体系中的协调发展，WTO 中的大多数条款都处在不断的发展与演变过程中，特别是有关 GATT 第 20 条 b 款和 g 款在 WTO 争端解决机构多个案例中的适用，并得到了进一步的深化解释。[③] 在美国对某些虾和虾制品的进口限制案中，上诉机构对"可能用竭的自由资源"一词的明确解释，就充分体现了这一点。[④] 因此，站在国际贸易发展的角度，前瞻性地看待国际碳交易标的，碳排放配额

① Annie Petsonk, The Kyoto Protocol and The WTO: Integatig Greenhouse Gas Emissions Allowance Trading into the Global Marketplace[J]. Duke Environmental Law & Policy Forum, Vol. 10, 1999, p. 199; Jacob Wersman, Greenhouse Gas Emissions Trading and the WTO[J]. Review of European Community and the International Environmental Law, Vol. 8, Issue 3, 1999, p. 255.

② Marisa Martin, Trade Law Implications of Restricting Participation in the European Union Emissions Trading Scheme[J]. Georgetown Environmental Law Review, Vol. 19, 2007, p. 446.

③ GATT 第 20 条 b 款和 g 款是与环境保护关系最密切的条款，与 20 条引言一起构成环保例外条款。b 款是指"为保护人类、动物或植物的生命或健康所必须的措施"；g 款是指"与保护可用尽的自然资源有关的措施，如此类措施与限制国内生产或消费一同实施"。

④ WTO Appellate Body Report, United States – Import Prohibition of Certain Shrimp and Shrimp Products, WT/DS58/AB/R, Oct. 12, 1998, para. 129.

和信用被纳入到 GATT 意义上的“产品”范畴是完全有可能的。[①] 由此可以推断,围绕国际碳交易标的的限制措施与 GATT 之间发生冲突在不久的将来在所难免。

当然,从目前国际碳交易的法律规范来看,发生在这一领域的国际碳交易标的限制措施与 GATT 之间的潜在冲突主要是两种情况:(1)一国可能会对碳排放配额的进出口数量施加限制,从而违背 GATT 第 11 条有关禁止数量限制的规定;(2)一国可能针对特定国家施加碳排放配额的进口限制,从而违背 GATT 第 1 条有关最惠国待遇的规定和 GATT 第 11 条有关禁止数量限制的规定。如欧盟针对俄罗斯、乌克兰的“热空气”交易进行抵制和限制就是典型的这种情形。[②]

(二)针对国际碳交易项目的限制措施与 GATS 之间的潜在冲突

国际碳交易分为配额的交易和基于项目的交易。在论及国际碳交易项目的限制措施与 GATS 之间是否会发生潜在冲突之前,同样会面临国际碳交易的限制措施是否属于 GATS 规制的问题。目前关于配额的交易是否属于 GATS 调整范围的观点存在分歧,[③]但关于项目的交易却是值得认真分析。因而本书只就清洁发展机制与联合履行机制项目的限制措施与 GATS 之间的关系进行分析。

---

① Marisa Martin, Trade Law Implications of Restricting Participation in the European Union Emissions Trading Scheme[J]. Georgetown Environmental Law Review, Vol. 19, 2007, p. 447.

② Annie Petsonk, The Kyoto Protocol and The WTO: Integatig Greenhouse Gas Emissions Allowance Trading into the Global Marketplace[J]. Duke Environmental Law & Policy Forum, Vol. 10, 1999, p. 202. 转引自宋俊荣.应对气候变化的贸易措施与 WTO 规则:冲突与协调[M].上海社会科学院出版社,2011(1):53-54.

③ 尽管本文第二章对碳交易标的碳排放配额和信用的法律属性已经进行了较详尽的分析,但到目前为止,这个问题的争议性还是较大的。在论及配额的交易是否属于 GATS 调整范围时,必然会涉及该问题。因为,“源问题”没有解决,“流问题”自然也就解决不了。如美国国际环境法中心的高级律师 Glenn M. Wiser 认为,CDM 项目所产生的 CERs 代表了一种减排服务,因而 WTO 成员方所采取的影响 CERs 交易的限制属于 GATS 的调整范围。但我国学者却对此不敢苟同。参见宋俊荣.应对气候变化的贸易措施与 WTO 规则:冲突与协调[M].上海:上海社会科学院出版社,2011:65-66.

按照《京都议定书》有关条文的规定，产生额外的温室气体减排量是清洁发展机制和联合履行机制项目所必须具备的一个实质性条件。对于由外国实施投资的清洁发展机制和联合履行机制项目，不仅如此，还反映出投资国与东道之间基于特定项目投资的“服务”。通过这种服务，确保了该项目为东道国带来了积极的实质性的环境效应，从而达到东道国可持续发展之目的。由此，从该角度出发，清洁发展机制和联合履行机制项目可以被界定为项目投资方以商业存在的形式向东道国提供的温室气体减排服务，从而属于 GATS 调整的范围。当然，这种服务并未被明确纳入 WTO 成员方的具体承诺表之中，从而导致无法确定 WTO 成员方的相关权利和义务，也可能会发生在这种服务过程中的各种规则与 GATS 之间的冲突。另外，这种项目服务还可以看作是项目服务国对东道国的一种投资行为，而目前的与贸易有关的投资措施协议（TRIMS）的调整范围仅适用于与货物贸易有关的投资措施，从这个角度，也会发生清洁发展机制和联合履行机制项目与 WTO 规则之间的冲突。

（三）针对国际碳交易的补贴措施与 SCM 之间的潜在冲突

在应对气候变化领域，补贴同碳排放交易一样，也是一种经济手段。国际实践的结果，目前各国正在实行的应对气候变化的补贴有五种，即促进碳减排的补贴、促进开发和利用可再生能源或清洁能源的补贴、促进开发和利用碳汇的补贴、促进应对气候变化研发的补贴、促进个人减少能源使用和碳排放的补贴。[①] 但针对国际碳交易的补贴措施并不等同于应对气候变化的补贴，它仅是指在国际碳交易过程中针对这一经济手段或措施实施或构成的补贴。具体讲，在现阶段构成国际碳交易的补贴措施是一种隐性的补贴，即在碳排放交易配额的初始分配过程中的政府部门的分配行为和分配方案的设计行为。理论和实践上，碳排放配额的初始分配有三种方式：免费分

① Andrew Green, Trade Rules and Climate Change Subsidies[J]. World Trade Review, Vol. 5, 2006, pp. 381 -386.

配、拍卖或者两者兼而有之。对于拍卖的方式,因政府采用市场的行为,通过公开招投标的方式使实体企业获得碳排放配额,企业是付费的,存在市场对价,也就不存在政府部门对实体企业的补贴行为。那么,对于政府部门对实体企业所实施的免费分配碳排放配额的方式,是否存在补贴行为呢?

政府部门对企业碳减排配额的分配有两种形式,一种是全部免费的分配方式,一种是部分免费的分配方式。如,欧盟2003/87/EC指令第10条就要求在第一阶段至少95%的碳排放配额应通过免费分配的方式发放。而事实上,在第一阶段,欧盟仅有不到1%的碳排放配额是通过拍卖的方式发放的。[①] 免费的分配方式,不需要实体企业以对价支付,如2012年欧盟将向航空公司免费发放1.81亿吨排放配额,[②]全部是无偿的。按照目前国际碳交易市场的价格,每一当量二氧化碳都是有价值的,对实体企业以免费分配配额的方式,必须会给实体企业带来利益。根据SCM第1条第1款的规定,认定补贴须具备两个条件:一是政府或公共机构提供了财政资助或任何形式的收入或价格支持;二是授予利益。"财政资助"有四种形式:(1)由政府进行的资金的直接转移、潜在的资金或债务的直接转移;(2)政府放弃或未收取在其他情形下应收取的收入;(3)政府提供除一般基础设施之外的货物或服务,或购买货物;(4)政府向筹资机构进行支付,或委托或指示私营机构履行前述三种在正常情况下属于政府的职能。根据SCM的这一定义,结合国际碳交易的碳排放配额的分配机制,可以确定,国际碳交易的碳排放配额分配对所有的实体企业而言都是有利益的。但是否构成补贴,却要从全部免费和部分免费是否构成财政资助来确定。

因为,对照SCM第1条第1款规定的第一个条件,由于碳排放配额不是

---

① David Harrison Jr., Per Klevnas, Albert L. Nichols, Daniel Radov, Using Emissions Trading to Combat Climate Change: Programs and Key Issues[J]. Environmental Law Reporter News & Analysis, Vol. 38, 2008, p. 10378.

② 涂露芳.欧盟将免费发放航空"碳配额"全年1.81亿吨[DB/OL].人民网,http://finance.people.com.cn/caac/GB/17014067.html,最后访问日2012-02-03.

货物或服务,国际碳交易的碳排放配额免费分配由政府部门实施,不涉及政府直接的资金或债务转移,因而该措施并不属于财政资助的第一、第三、第四种情形;但该措施在财政资助的第二种情形,即"政府放弃或未收取在其他情形下应收取的收入"方面,因国际碳交易的碳排放配额分配分为全部免费和部分免费,却产生不同的效果。按照美国——外国销售公司案对此类问题判断所确定的两个原则:(1)并不能仅仅是因为一国政府没有收取其可以收取的收入就可断定存在财政资助,因为在理论上政府对任何收入都有权征收;(2)术语"在其他情况下应收取"暗示了与一种被诉方国内确定的、正常的基准情形的比较,而非其他国家的基准情形,[①]碳排放配额的全部免费措施因对所有实体企业实施免费确定了同一的基准而不构成 SCM 第 1 条第 1 款财政资助的第二种情形,而碳排放配额的部分免费措施因对不同实体企业实施差别对待,即部分免费、部分付费而确定了不同的基准,使得政府放弃了一部分在其他情形下应收取的收入而构成了 SCM 第 1 条第 1 款财政资助的第二种情形。因此,国际碳交易的碳排放配额分配仅只是部分免费分配的情形构成了与 SCM 之间的冲突。

(四)针对国际碳交易的碳税措施与 WTO 规则之间的潜在冲突

关税是国际贸易最早的限制措施之一。"碳税"是对排放到大气中的二氧化碳等温室气体开征的一个税种,其税基是二氧化碳排放量。碳税最初是针对国内的化石燃料或能源密集型产品征收,但往往只实施于前者。可征收国内的碳税会产生"碳泄漏"[②]的问题,于是对境外的化石燃料和内含碳产品也逐步开始征收碳税。国际碳交易的碳税措施,就是指一国针对进入

---

① WTO Appellate Body Report, United States - Tax Treatment for "Foreign Sales Corporation" Recourse to Article 21. 5 of the DSU by the European Communities, WT/DS108/AB/RW, 14 January 2002, para. 88.

② 碳泄漏是指,如果一个国家采取二氧化碳减排措施,该国国内一些产品生产(尤其是高耗能产品)可能转移到其他未采取二氧化碳减排措施的国家,从而导致本国就业机会的流失和减损本国开征此类税种所要达到的减排效果。

本国的碳产品或服务(内含碳的产品或服务)征收碳排放交易税的行为。如2009年6月26日美国《清洁能源与安全法案》第768节"国际储备配额项目"[①]的规定和2012年1月1日起欧盟将开始对所有到、离欧盟机场的航班征收排放交易税[②]的规定。下文将对这两类碳排放交易税进行详尽分析。

二、美国《清洁能源与安全法案》关于"国际储备配额项目"的规定与WTO规则之间的冲突

(一)美国《清洁能源与安全法案》的背景

在应对气候变化的进程中,美国是先行者。美国是最早采取碳排放交易的国家,是最早提倡并加入《联合国气候变化框架公约》和《京都议定书》的国家,也是第一个退出《京都议定书》的国家。在2001年美国总统小布什宣布退出《京都议定书》后的较长一段时间里,美国所采取的行动都是游离于京都机制之外的。当然,美国始终坚持美国的利益最大化思想而采取各种应对措施。美国《清洁能源与安全法案》正是在这样的背景和前提下提出。该法案是由众议员Henry Waxman和Edward Markey于2009年5月提出,并于2009年6月26日获得通过。它是美国继2009年6月22日通过《限量及交易法案》后的第二部获得众议院通过的总量控制与排放贸易法案。应当说,按照美国立法程序,法案必须在众议院和参议院都得到通过,然后经总统批准、签署后才具有法律效力,这两部法律都没有生效。但这两部法律一经获得美国众议院通过立刻就在国际社会产生广泛关注,并引发国际社会广泛争议。一些发达国家如法国、加拿大等纷纷表示将考虑采取类似政策;而一贯倡导各国通过削减关税和非关税贸易壁垒促进贸易自由

① The American Clean Energy and Security Act(2009), H. R. 2454, Sec. 768.

② 2008年11月19日,欧盟通过法案决定将国际航空领域纳入欧盟碳排放交易体系并于2012年1月1日起实施。目前该法案已在实施当中。参见王宙洁.欧盟"强征"航空碳税惹众怒 或引发贸易战[DB/OL].中国网络电视台经济台,http://jingji.cntv.cn/20111223/104529.shtml,最后访问日2011-12-25.

化的 WTO 组织，出人意料地对碳关税没有说“不”，而是表达了某种积极态度。中国政府对此提出反对，认为在国际贸易中征收“碳关税”，违背《联合国气候变化框架公约》及《京都议定书》确定的发达国家和发展中国家在气候变化领域“共同但有区别”的责任原则，也是不符合 WTO 基本规则的贸易保护主义行为。① 两个法案都有条款授权美国政府对来自不实施碳减排限额国家的进口产品征收碳关税的规定。最具有争议的是《清洁能源与安全法案》第 768 节关于 2020 年 1 月 1 日起实施国际储备配额项目的规定。它是一种典型的与碳排放贸易有关的贸易限制措施。

（二）国际储备配额项目规定与 WTO 规则之间的冲突

美国实施国际储备配额项目，其目的主要有三个：一是为防止碳泄漏；二是为促进全球温室气体减排；三是为引导其他国家，尤其是发展中国家采取实质性的减排行动。② 其适用对象是合格产业部门所生产的产品或者用于消费的制成品。美国进口商进口上述产品，必须上缴相应数量的国际储备配额，除非出口国符合下列五种情况之一：（1）与美国同为某国际协定的缔约方，且依该协定至少承担了与美国所承担的温室气体减排义务同等程度的温室气体减排义务；（2）相关产业部门的年能源或温室气体强度等于或小于美国该产业部门在最近公历年度的能源或温室气体强度；（3）与美国同为某多边或双边温室气体减排协定的缔约方；（4）被美国总统认定为温室气体排放量小于全球温室气体排放总量的 0.5%，并且向美国出口相关涵盖产品比重不到 5%；（5）被联合国认定为最不发达国家。③ 依据国际储备配额项目的适用目的和规定，就可以划定一个大致范围。美国将大多数的其他西方国家和“基础四国”等重要发展中国家都纳入了国际储备配额项目。

---

① 陈立新.美国碳关税法案的法理透视[J].中国外交，2009，(11)：206.

② The American Clean Energy and Security Act(2009), H. R. 2454, Sec. 401.

③ 宋俊荣.应对气候变化的贸易措施与 WTO 规则：冲突与协调[M].上海：上海社会科学院出版社，2011：55－56.

国际储备配额项目因美国《清洁能源与安全法案》尚未生效,目前并没有得到实施。但国际社会对国际储备配额项目所设定的域外效力争议颇多,而且分歧也较大。主要观点有两派:一种观点是美国《清洁能源与安全法案》的这一做法既违背了 WTO 的基本原则,也不符合 GATT 第 20 条的例外原则,同时也是对国际环境多边条约《联合国气候变化框架公约》和《京都议定书》的违反。尽管美国退出了《京都议定书》,但它仍然是《联合国气候变化框架公约》的成员国,应当遵循"共同但有区别"的责任原则;[①]一种观点是美国采取这一贸易限制措施是为应对国际气候变化和人类可持续发展的目的,具有成为正式法律的必然性和国内法相对的合理性;不与 WTO 基本原则相违背:它是以法律形式设定了美国碳减排目标和时间表,美国相关行业和企业都将面临减排标准的制约,并不违背国民待遇原则;美国基于该项目征收是针对所有美国之外的国家,目前只是原则性规定,不涉及具体操作,不违背最惠国待遇原则;美国碳关税法案要到 2020 年才实行,在施行碳关税上给了其他国家以缓冲时间,不违背对发展中国家优惠待遇原则;但它在国际环境公约层面,违背了"共同但有区别"责任原则,对其他国家施行美国的减排标准,是国际单边主义的集中体现。[②]

通过对两派观点的比较,我们可以分析出以下三个观点:(1)美国通过的《清洁能源与安全法案》关于国际储备配额项目违反国际公约关于发达国家与发展中国家区别对待的责任原则是不争的事实。因为,美国当前仍是《联合国气候变化框架公约》的缔结者,它负有按照 WTO"促进国际贸易、保护环境以实现可持续发展、维护发展中国家利益、促进共同繁荣"等几个宪法性原则实施贸易措施的义务。就美国碳排放交易税而言,无可否认碳关

① 蔡高强,胡斌.论 WTO 体制下的碳关税贸易措施及其应对[J].湘潭大学学报(哲学社会科学版),2010,(3):34-39;苑路佳.WTO 框架下"碳关税"条款刍议[J].法学杂志,2010,(8):139-141.

② 陈立新.美国碳关税法案的法理透视[M].中国外交,2009,(11):206-207.

税措施在督促美国的贸易伙伴控制二氧化碳排放、提高减排技术等方面具有显著的作用,但它与“促进和帮助经济发展特别是那些仍处于工业化发展早期的国家”的目标是背道而驰的,在某种程度上构成了对发展中国家事实上的歧视和不合理的贸易限制;(2)作为WTO的成员方,美国国际储备配额项目是针对来自其他WTO成员方的有形产品,受GATT规则的调整。因此,从将来实施的角度,这可能发生两种冲突:一是根据该配额项目的要求,在实施时就要能对于不同的进口商来自不同的出口国的涵盖产品提出不同的储备配额要求,从而违背GATT中第1条有关最惠国待遇的规定;二是国际储备配额项目对进口产品施加的储备配额要求会导致进口产品价格升高,影响其在美国国内的销售,从而违背GATT中第3条有关国民待遇的规定;(3)至于该法案是否符合GATT第20条例外原则的规定,有学者认为它不符合,GATT第20条例外原则并没有给该法案国际储备配额项目留出“绿色之路”;①但更多的学者认为,尽管该法案所规定的国际储备配额项目可能会发生上述两种与GATT第1条和第3条的冲突,但国际储备配额项目既符合GATT第20条(b)款和(g)款的规定,也符合第20条引言的规定,②只是需在实施时充分考虑发展中国家的情况而作出细致的区分。因此,本书认为,作为从人类可持续发展角度考虑的贸易限制措施,不仅是在国内和国际现有的制度上是合理的,合法的,也应当是从长远实施角度来解决人类共同面对的重大问题的。目前,美国《清洁能源与安全法案》并未生效,从这个角度来讲,其对WTO的一切违反或是符合还仅只是理论上,需要该法案在生效实施后加以全面的检验。

---

① 苑路佳. WTO框架下“碳关税”条款刍议[J]. 法学杂志,2010,(8):140.

② 宋俊荣. 应对气候变化的贸易措施与WTO规则:冲突与协调[M]. 上海:上海社会科学院出版社,2011:57-64.

三、欧盟将国际航空领域纳入欧盟碳排放交易体系法案规定与WTO规则之间的冲突

(一)欧盟将国际航空领域纳入欧盟碳排放交易体系法案的背景

2008年年底,欧洲议会和欧盟委员会通过一项将国际航空业纳入欧盟碳排放交易体系的法案。法案要求,从2012年1月1日起,不管是欧洲航空公司还是国际航空公司,所有进出欧盟的航班必须在将温室气体排放比2004~2006年的水平降低3%,到2013年降低5%,否则就需要通过购买碳额度来弥补差距。该法案还规定,对拒不执行法案的航空公司将实施超出部分按每吨100欧元(约合130美元)进行罚款以及被禁止在欧盟境内飞行的制裁措施。[①] 此法案一出,全世界哗然。各国按照这一法案都算出自己将要在2012~2020年间支付的总碳税费,如美国为31亿美元,中国为176亿元人民币等,并指出这一费用最终会转嫁到消费者头上,由消费者买单。欧盟之外的多国航空界对此予以强烈反对,其中包括美国、中国在内共有41个国家明确提出欧盟的该措施单方违反国际法。美国航空运输协会及其多个会员,如美国航空公司、美国联合航空公司一致认为,欧盟征收航空碳税具有歧视性,违反了《国际民用航空公约》(《芝加哥公约》)的多项条款,且于2009年年底将欧盟起诉到英国高等法院。[②] 英国法院认为这个问题涉及整个欧盟的利益,于是在2010年5月将案件提交到欧盟最高法院(ECJ)审理。2011年7月15日,此案在卢森堡ECJ开庭。2011年12月21日,ECJ正式宣布,美国航空运输协会以及3家美国航空公司联合起诉欧盟征收碳排放税的案件败诉。判决中指出,欧盟征收碳排放交易税的指令适用于所有航空

---

① 陈欢欢.美国航空业向欧洲法院联合起诉欧盟强制征收航空碳税[N].科学时报,2011-8-15(B3).

② 王宙洁.欧盟"强征"航空碳税惹众怒 或引发贸易战[DB/OL].中国网络电视台经济台,http://jingji.cntv.cn/20111223/104529.shtml,最后访问日2011-12-25.

企业的法律效力，既不违反相关国际关税法，也不违反有关领空开放的协议。[①] 针对这一判决，美国决定也以立法的形式反对欧盟航空碳税，对该措施坚决进行抵制。[②] 美国还会采取哪些措施，在本书写作时尚不明朗。但可以预见的是，欧盟已经按照其法案正在实施征收碳排放税，且在 2013 年 3 月起将对不缴纳航空碳排放交易税的国家正式强制征收，但该措施受到了来自美国、俄罗斯、中国等大国的强烈反对。因此，要真正实施该法案并达到理想效果恐非易事。

（二）将国际航空领域纳入欧盟碳排放交易体系法案规定与 WTO 规则之间的冲突

关于欧盟将国际航空领域纳入欧盟碳排放交易体系法案的规定是否与 WTO 规则之间发生冲突，不是该案目前的焦点。该案焦点在于欧盟与美国、中国、俄罗斯、印度等国的政治博弈问题。但任何一种国际关系的处理，最终能友好化解或解决需要靠国际法律规则的完善和良好的国际治理。因而，美国、中国及其他许多国家对欧盟碳排放交易征收税费的做法除了进行政治谈判外，还都将采取诉诸法律的手段（美国已经实施此措施），而且不排除到 WTO 法庭“对簿公堂”。由此可见，欧盟将国际航空领域纳入欧盟碳排放交易体系法案的规定与 WTO 规则之间的关系既是当前美国、中国等国与欧盟进行商谈和提出解决措施的法理基础，也是美国、中国等国与欧盟进行法庭诉讼的辩解理由，更是将来将此争端提交 WTO 争端解决机构进行裁决的法理依据。基于此，本书对欧盟将国际航空领域纳入欧盟碳排放交易体系法案规定与 WTO 规则之间的冲突进行分析。

美国将欧盟告上英国高等法院并至欧盟最高法院进行辩论时提出四点

---

① 张晓颖. 欧盟对入境航空公司征碳排放费 美国起诉败诉[DB/OL]. 舜网，http://www.e23.cn，最后访问日 2011－12－26.

② 李卓. 美拟立法反对欧盟航空碳税 欧盟本周赴美讨论[DB/OL]. 腾讯财经，http://finance.qq.com/a/20120203/000012.htm，最后访问日 2012－02－03.

主要理由:(1)航空业温室气体(GHG)排放量要在全球性基础上加以规范,任何国家或国家集团的单方面行动都是违反国际法的;根据国际法习惯原则,各国对自己的领空享有主权,对公海不享有主权,其航空器可以飞越公海。美国认为,飞机从美国飞至欧盟,其航线大部分处于公海上,一部分属于美国领空,只有一小部分属于欧盟领空;欧盟对全段航线收碳税,侵犯了美国的领空主权,且等于是对公海空域宣称了主权;(2)违反《联合国气候变化框架公约》和《京都议定书》的规定;按照《京都议定书》的规定,各国在气候变化上承担减排义务时,可根据各国自己认同的方式和速度;在限制和缩减航空燃油温室气体时,可通过国际民航组织来实行。但欧盟航空碳税并未经过国际民航组织的认可;(3)欧盟采用单方措施,对欧盟外的公海、第三方国家的领空及飞机营运商实施监管,不但违反了《芝加哥公约》第1条主权原则、第11条领空限制和非歧视原则、第15条关于收费的规定以及第24条关于禁止对燃油征收海关关税的规定,而且干涉了国际民用航空组织根据《芝加哥公约》第12条管理公海上空飞行的职权;(4)欧盟航空排放交易体系还违反了美国和欧盟签署的空中服务协议有关禁止"对燃油消费征收税费"的规定等。[①] 但欧盟认为,他们目前的碳排放交易系统针对所有由第三国进入欧盟国家与驶出欧盟国家的航班,不区分国别,无差别待遇,且航空碳税并不是针对"飞越第三国(在此指美国)、公海、欧盟领空的飞行器",只有飞行器的操作者是在运作商业航线并且在欧盟机场起降时,他们才需遵守碳排放交易体系的限制。因此,航空碳税没有侵犯他国主权,也没有侵犯飞行器飞越公海的权利,因为只有在"商业航班""物理上存在于"欧盟成员国机场时才需征税,欧盟对航空器征收碳税的行为不违反国际法基本原则;欧盟没有加入《芝加哥公约》,该公约对其不适用;《京都议定书》规定的"可通过国际民航组织来实行"并不具有强制性,条款也不够详细;"可通过"

---

① 冯迪凡.欧盟征收航空碳排放税 激进政策引发多国争论[DB/OL].新浪环保,http://news.sina.com.cn/green/2011-07-13/143122807134.shtml?,最后访问日2011-07-13.

是一种选择,包含了“也可以不通过”的意思,欧盟并未违反条文,且美国不是《京都议定书》的缔约国,美国适用该议定书的规定来为自己辩解,实在是件好笑的事情;至于美国提出美国与欧盟“开放天空”双边协定中关于禁止“对燃油消费征收税费”的规定,欧盟认为,航空税费并没有直接跟燃油的使用量挂钩,并非烧油越多、罚金越高,所以不能等同于燃油税费。航空公司付出的实际成本基于给定的配额,以及在碳排放额度市场拍卖的结果;假如航空公司的排放量完全在配额内,就根本不用付费,所以欧盟的行为不与《协议》冲突。[①] 当然,辩论带来的结果是欧盟最终胜诉。

那么,在美国与欧盟的这次法庭诉讼与辩论来看,涉及欧盟将国际航空领域纳入欧盟碳排放交易体系法案的规定与 WTO 规则之间可能涉及的问题有三个:第一个是对国际航空器商业飞行征收碳税与国际法基本原则、《京都议定书》及 WTO 规则之间的冲突;第二个是美国适用《芝加哥公约》是否属于 WTO 规则体系的范畴,欧盟反对的理由在 WTO 规则体系中是否成立;第三个是欧美“开放天空”双边协定中的免征燃油消费税的规定是否违反 WTO 规则?美国是否可以在与欧盟的航空碳排放交易税诉讼中予以适用呢?

国际航空器的飞行是一种商业存在是不争的事实。但对商用航空器征收碳税是否没有侵犯第三国主权并符合国际法基本原则,且对 WTO 规则不构成冲突呢?答案是否定的。原因是:(1)国际碳税的征收前提是针对碳排放量的过多。所有碳排放量(配额或信用)的确定是通过一定的技术方法形成的,碳排放也是所有国家经济发展的必须的行为,至少目前在技术还没有达到消除排放温室气体的地步的时候,各国有权予以排放。那么,对于一国碳排放的多或少,对于国际航空器在飞行过程中碳排放的量的确定,并非是单一主体可以完成的事情,欧盟对航空器进入其领空征收碳税的碳排放量

① 曾颂,吕楠芳.碳税庭辩美国缘何落败[DB/OL].中国资本证券网,http://roll.sohu.com/20120207/n334003797.shtml,最后访问日 2012-02-07.

的单独确定就是无权行为。欧盟必须与世界其他各国协商后才能确定。(2)欧盟征收碳税的税基是来自第三国且从第三国起飞后到达欧盟所属国的任何一个飞机场的全程碳排放量减去免费的碳排放量的数量。这种计量方式,必然是侵犯了他国的领空主权;(3)以欧盟征收碳排放税的行为是否符合 WTO 第 20 条(b)款和(g)款环境保护例外之规定分析来看,它与美国的《清洁能源与安全法案》关于国际储备配额项目的规定没有两样,但说它不违反国际法非歧视原则却是错误的。尽管欧盟针对第三方国家征收碳排放交易税的行为是针对所有国家的,在规定上没有差别,但实质上却是以欧盟碳排放技术和标准为基础的一种无差别对待,而构成了实质上的最惠国待遇和国民待遇的差别,违反了 WTO 的基本原则。

《芝加哥公约》是针对国际航空领域的独立的一个公约,与 WTO 规则体系完全不相隶属。在 WTO 规则中,有两个规则涉及民用航空领域:一个是《民用航空器贸易协议》。它是 WTO 规则中 4 个附件之一,仅是一个次多边协议。到目前为止,仅有美国、法国和其他欧共体国家等为数不多的发达国家签字和接受;另一个是 GATS 航空运输服务附件。它是 GATS 的 8 个附件之一,只涉及国际航空运输管理的一小部分内容。主要包括:(1)一缔约方按服务贸易总协定所承担的义务和所作的特别承诺,都不能减少或影响它在 WTO 建立时业已存在的义务;(2)服务贸易总协定,包括解决争端的程序不适用不论以何种方式给予的航空运输权,或直接与行使航空运输权有关的服务,并免除对航空运输权援用最惠国待遇条款;(3)只有在有关双边或多边争端解决机制无法找到解决途径时,才对所涉及的义务和承诺引用协议附件中的规定,由 WTO 处理各方因执行协议内容而发生的冲突等。这个附件的规定可以表明,芝加哥公约与 WTO 并不相隶属,但如果因芝加哥公约或服务贸易总协定附件中的规定发生争端而不能采用其解决方法来解决该争端,则可以采用 WTO 争端解决机制来处理。因此,欧盟将其征收碳排放交易税的基础定在对“商业航班”的超额碳排放量征税,美国认为“这是对民用航班飞机征收碳排放税，就应当适用《芝加哥公约》的规定，欧盟的行为违反了该公约的第 1 条、第 11 条、第 15 条和第 24 条的规定”的立场是站得住脚的，但欧盟以它不属于该公约的缔约国而主张不予适用的说法也没有错。问题是，这不仅仅是一个针对民用航班征收税的问题，它还涉及环境主权、国际运输贸易等问题。欧盟就征收碳排放税的行为还可能会违反国际贸易中的公平原则、主权管辖原则，从而导致更大的贸易争端。由此可以推定欧盟的这一做法，被征收碳石类的国家完全可以适用服务贸易总协定附件中的《民用航空器贸易协议》第 4 条的规定，而将该争端提交到 WTO 争端解决机构加以解决。

欧美“开放天空”双边协定中的免征燃油消费税的规定，实际上是关于税收豁免的问题，在美国与欧盟之间适用是可以的。但放到欧盟对美国和世界上的所有国家征收碳排放交易税的情形来看，美国提出的这一主张，并不能为欧盟所能接受，除了欧盟自身所提到的“航空碳税不属‘税费’”的观点，欧盟必须要考虑在国际贸易范围内的公平原则，欧盟不对美国征收碳税，而对欧盟国家和中国等发展中国家征收碳税不仅违反《联合国气候变化框架公约》和《京都议定书》“共同但有区别”的责任原则规定，也可能违反了 WTO 规则关于“非歧视原则”的规定，从而导致更大的国际范围内的贸易争端。因此，对于美国和欧盟之间的碳排放交易税的争端不仅要看问题的本身，还要看它所带来的国际范围内的影响。

第三节　国际碳交易的贸易限制措施与 WTO 义务的一致性

国际碳交易虽然符合国际贸易的商事平等交易原则，也在形式上表现出了交易双方权利和义务的对等性，但在目前国际贸易自由化市场交易规则没有得到矫正或修改的前提下，围绕碳交易的产品生产过程和贸易过程的限制措施与WTO贸易规则设定的自由贸易义务和削减市场准入壁垒的义务是相冲突的。面对此类冲突，我们不但需要能够平衡环境保护目标与多边自由贸易体制价值取向之间的冲突关系，还需要在碳交易的具体制度规定上与WTO规则之间找到相一致的地方，方能使国际碳交易更早地融入世界贸易体系中。

一、国际碳交易制度是否属于WTO法的适用范围

国际社会准备实施各项碳排放控制措施时，其目的是为了减少温室气体排放，有助于使日益遭受严重破坏的人类气候条件恢复到维持人类可持续发展的状态。在《京都议定书》附件一中各个发达国家对减排目标所作的强制承诺义务以及其他国家的自愿减排承诺义务，可以采取"温室气体排放国际部门协定"的方式在具体的产业部门中得到兑现。碳排放的各国具体的减排承诺本身不会引致WTO多边贸易法上的任何争论，这是各国承担国际责任和履行国际义务的一种机制安排，不会与WTO规则本身形成冲突。然而，在《京都议定书》中设立的京都三机制可以创造激励因素，吸引第三国参与合作，推动各个缔约国国内的具体的产业部门自觉生产低碳货物或提供低碳服务，保护那些国际部门协定成员国中接受管理的产业既有的竞争力。这样一来，就很可能影响到WTO法所涵盖的贸易方式。《京都议定书》缔约国设计的具体部门的碳减排目标会形成国家标准，辅之以"排放权交易制度"。此种排放权交易制度要求将政府批准的排放额度分配给受管理部门中的私人实体。它要求成员国之间实现排放额度的互认，使排放额度的交易成为可能的国际贸易行为。① 目前的国际碳交易正是按照以上思路所设定的规则和程序进行的。因此，国际碳交易成为一种可能的国际贸易行为被纳入到WTO体系中并不是不可能的事。

---

① 黄小喜，郑远民. 基于减排目标的贸易限制措施与WTO义务的一致性——基于多边贸易法的考察[J]. 深圳大学学报(人文社会科学版)，2011，(1)：69-70.

但正如前文所述，一旦将国际碳交易纳入到国际贸易体系中，就可能会产生国际碳交易法律制度和围绕碳交易的贸易限制措施与WTO规则之间的潜在冲突。这种潜在冲突的来源是WTO各协议中有关贸易与环境问题的规定存在模糊性、“软法”性。它构成与各国的碳交易立法、环境立法以及多边环境协定的冲突。这种冲突的具体表现在：以推动国际贸易自由化为己任的世界贸易组织，在对待国际部门协定中“环保例外条款”（如GATT第20条第(b)款和第(g)款）如何解释、成员国单方措施是否具有域外效力（如2009年6月26日美国《清洁能源与安全法案》第768节“国际储备配额项目”的规定和2012年1月1日起欧盟将开始对所有到、离欧盟机场的航班征收排放交易税的规定）等问题上。

对上述问题的回答，就涉及如何看待贸易自由化与环境的关系，如何对贸易与环境的法律冲突进行协调的问题。而这，需要回到前文探讨的核心问题：这种以排放额度为交易客体的国际贸易制度是否为WTO法所调整？WTO法主要调整货物贸易和服务贸易。原则上，WTO成员国基于谈判结果形成的排放标准而向涵盖产业批准的排放额度本身似乎可以识别为WTO法意义上的“货物”或“服务”，但目前尚存在较大争议。排放额度可以为私人实体所交易的事实也改变不了此一定性。这是因为获批的排放额度及其可转让性乃是基于国家在国际部门协定下享有的国际法权利及其承担的国际法义务。私人实体因其无国际法律人格，是故，不能直接承担源于国家之间缔结的国际公法协定下的主权义务。它们唯一能够合法申领的是各个成员国按照其国内法批准的排放额度；而根据国家间协定获得的排放配额则构成该协定成员国批准排放额度的国际法基础。

但是，尽管排放额度本身不太可能构成WTO法意义上的货物或服务，但是管理排放额度交易制度的那些规则以及实施中的用于吸引第三国参与合作的激励机制，为成员国的与非成员国的产业创造公平竞争平台的机制，就很可能影响到既有货物和服务贸易。因此，从这个角度分析，可以将它归属于 WTO 法的适用范围。特别是涉及国际碳交易有关减排的国际部门协定所内含的具体贸易政策措施可能影响到竞争条件,损害第三国境内生产的货物和提供的产品的竞争秩序,也可能构筑起此类货物或服务市场准入的贸易壁垒时,这一界定更显得有意义。所以,本书认为,有必要检视 WTO 相关规则以决定它们为了保护环境而设定的"贸易限制措施"的适用范围。①

二、国际碳交易限制措施与 WTO 义务的相容性

国际社会在《联合国气候变化框架公约》基础上制定出来的《京都议定书》是一个多边环境协定,其目的是在"共同但有区别责任"原则基础上,对负有更多减排义务的发达国家设定强制性的减排义务,从而有效推动温室气体减排,在气候领域为人类的可持续发展作出一定贡献。一直以来,"多边环境协定"(以下简称 MEAs)寄望于有关涉及国际碳减排的国际环境部门协定以实现温室气体减排目标。MEAs 往往专设"贸易限制措施条款"作为吸引第三国参与合作的激励因素或者使之成为这些国家设定环境目标的合法根据。这些贸易限制措施条款是针对特定目的而设置的,以强制性义务(又称"具体贸易义务")的方式予以实施。换言之,国际环境部门协定为追求某一特定结果可能给该协定成员国施加一种特殊的义务并将某种贸易措施作为实现该特定结果的手段。再者,国际环境部门协定也可以规定发展中国家承担"共同但有区别的责任"。所以,WTO 成员、此类 MEAs 的成员国为履行其在 MEAs 下的国际义务而采取的措施很可能与其在 WTO 法下承担的义务发生冲突。因为,WTO 法旨在确保市场准入和无歧视待遇的实现。然而,在多大程度上是否会发生两类义务的冲突取决于被纳入 MEAs 的与贸易相关的条款之设计、性质与目标。正如 2002 年可持续发展世界首脑会议

① 黄小喜,郑远民. 基于减排目标的贸易限制措施与 WTO 义务的一致性——基于多边贸易法的考察[J]. 深圳大学学报(人文社会科学版),2011,(1):70.

上发表的《约翰内斯堡宣言》所认可的那样，原则上多边贸易规则与 MEAs 应该相互支持。WTO 协定本身在其序言中就明文承认有必要确保“以与可持续发展的目标相一致的方式”开展贸易关系，“寻求保护与保全环境并改进如此行事的手段”。《联合国气候变化框架公约》在第 3 条规定：气候变化措施不得构成武断的或不正当的歧视手段或“伪装的贸易限制措施”。无独有偶，《京都议定书》在第 2 条规定：“成员国应当在执行其环境政策与措施时努力使它们对国际贸易造成的负面效应最小化”。

从国际立法的角度，为了确保《联合国气候变化框架公约》和《京都议定书》的这些条款与 WTO 条款在目标上的一致，并达成相互动持关系，拟议中的有关碳减排的国际部门协定应该以一种顾及 WTO 相关义务的方式予以设计，同时在符合有关环境保护的措施规则所提供的灵活程度内运作。然而，国际环境部门协定的制度需要顾及各方的利益关系，MEAs 中与贸易相关的条款在某些情形下还是可能会与 WTO 义务发生冲突。

《京都议定书》及其三机制的实施，可否以类似 MEAs 中的环境保护原则和目标为理由抗辩对违反 WTO 法的指控，目前尚有争论。著名国际法学家 J. 鲍威林（Joost Pauwelyn）指出，“WTO 成员若同时属于某非 WTO 协定——例如 MEAs——的成员，它就可以援引此一 MEAs 条款作为抗辩理由，作为反击违反 WTO 法的指控的事实根据”。[①] 西方学者 G. 马尔考（Gabrielle Marceau）争辩说：“这是有可能发生的。因为 WTO 专家组不得增加也不得减少 WTO 协定对 WTO 成员设定的权利与义务”。[②] 虽然当两者冲突时 MEAs 是否当然优先于 WTO 规则适用，尚无定论，但是普遍接受的观点是前

---

① See Pauwelyn, J. Conflict of Norms in Public International Law: How WTO Law Relates to Other Norms of International Law[M]. Cambridge University Press, Cambridge, 2003:473,491.

② See Marceau, G. Conflicts of Norms and Conflicts of Jurisdictions: The Relationship between WTO Agreement and MEAs and Other Treaties[J]. Journal of World Trade, 2001:1130.

一类协定对于解释WTO义务可以发挥重要作用。[1] 截至目前，无论是《联合国气候变化框架公约》、《京都议定书》还是其他含有特定贸易义务的MEAs，都没有引致WTO争端。不过，鉴于有关碳减排的国际部门协定有影响诸多部门和巨额贸易流量的潜力，因此确有必要考察WTO规则允许其成员执行根据此类国际部门协定承担的贸易义务的范围与程度。WTO成员已经承认，有必要澄清MEAs与WTO规则下的特定贸易义务之间的关系问题。这一点反映在以下事实当中——2001年《多哈部长级会议宣言》发起了此轮回合的多边贸易谈判，就把这个问题列入了议程，希望通过谈判得到解决。WTO成员对之作了诸多探讨，不过，迄今无果而终。由于谈判并没有澄清有关WTO规则与MEAs下特定贸易义务之间的关系，所以本书认为，我们可以参照WTO专家组和上诉机构的解释意见来考察WTO相关条款，必定会获得有益的启示，可以较准确地理解WTO法对那些以保护环境为目的的贸易措施所施加的纪律和约束。

在有关碳减排的国际部门协定中运用贸易措施的政策空间到底有多大是WTO法预留的呢？由于WTO从未处理过MEAs下特定贸易义务争端，迄今无判例法规则可循，因此，这个问题的答案不得而知。为此，我们对两类义务的冲突的分析必然要基于类比相关的法律解释。有关碳减排的国际部门协定，如《京都议定书》，如果含有影响国际贸易的条款，WTO规则与之在多大程度上兼容，取决于此类协定中特定条款的设计与适用。有三类与贸易相关的措施最有可能在有关碳减排的国际部门协定中得到应用，即(1)税或费——以“国境调节税”或国内“碳税”的形式征收。在前文中分析的美国《清洁能源与安全法案》关于“国际储备配额项目”的规定和欧盟于2012年1月1日起开始对所有到、离欧盟机场的航班征收排放交易税的规定就是这

① See Van den Bossche, P. The Law and Policy of the World Trade Organization: Text, Cases and Materials[M]. Cambridge University Press, Cambridge, 2008:128 - 129.

种形式;(2)放弃排放额度换取进口条件;(3)利用碳排放标准作为技术规章。[①] 当然,在实践中,第一种形式更为常见。甚至有学者建议,在《京都议定书》机制内,与环境贸易相关的头等重要的优先任务是推进建立统一的能源和温室气体排放税收体制——这一体制将会彻底消除由于各国间存在的不平衡的政策待遇所引起的竞争力和碳泄漏问题。[②] 至于税负可以按照"可得的最佳技术(BAT)"所能够实现的排放水平,也可以根据进口国生产者所能达到的平均碳效率来计算。这些特定的贸易义务是为了吸引第三国参与合作而创造的激励因素或为了那些在涵盖部门中处于竞争劣势地位的企业而采取的矫正行动。这是因为这些企业因承担了减排承诺而不得不面对较高的调整成本。非成员国中相同产业部门的企业因无须承担减排义务可以低成本生产。这样,成员国国内企业就会处于竞争劣势地位。因为国内企业必须与价格低廉的进口货物展开竞争。其后果是:那些参加了国际部门协定的国家就很可能希望在此类协定中运用此种贸易措施义"平衡"竞争平台。另外,对发展中国家的特殊照顾也将纳入差别待遇条款,由此不得惩罚那些未达到减排目标的发展中成员国。

本书要考察的是国际碳交易的贸易限制措施与 WTO 法施加的义务的一致性问题。就此而言,上述这三类贸易限制措施与 GATT1994 的五个条款有最直接的关联。即第 2 条"进口税及其他税、费",如国境调节税;第 1 条和第 3 条"在国内税及其他费、国内规章方面实行国民待遇和最惠国待遇,不得歧视的义务";第 11 条"禁止数量限制";第 20 条"GATT 义务的一般例外"。另外,《技术性贸易壁垒协定》(TBT 协定)可能与"碳标签制度"发生联系;《补贴与反补贴措施协定》(SCM 协定)可能适用于排放额度的无偿分

---

① 黄小喜,郑远民. 基于减排目标的贸易限制措施与 WTO 义务的一致性——基于多边贸易法的考察[J]. 深圳大学学报(人文社会科学版),2011,(1):70-71.

② The World Bank. 国际贸易与气候变化——经济、法律和制度分析[M]. 廖玫译. 北京:高等教育出版社,2010:39.

配问题。[①] 这些条款与国际碳交易的冲突形成及方面,本书在前文已有所介绍和分析。因此,我们应当看到,国际碳交易的贸易限制措施很有可能构成对未来的国际碳交易发展的最大瓶颈。作为国际最大的经济组织 WTO 和诸如《京都议定书》的多边环境协定,必须直面国际贸易与国际环境保护措施的冲突问题,并按照人类可持续发展目标的要求,在 WTO 框架下,进行专门立法,强化国际环境法的功能;在 WTO 各成员国关于贸易与环境的协商过程中,应抛开各国的私利,以保护和改善人类环境、增进国际社会的共同利益为目的,兼顾发展中国家实行特殊和有差别待遇的做法来达成一部能适应保护客观环境要求的贸易与环境的专门协定,[②]从而实现国际碳交易的多边环境协定与 WTO 规则之间的充分协调。

三、国际碳交易融入世界贸易体系的全面考察与分析

国际碳交易属于多边环境机制下的一种新型商品交易,是《联合国气候变化框架公约》和《京都议定书》的科学创设,特别是后者三机制的形成,为国际碳交易的迅猛发展创造了极好的条件。但国际碳交易本身是一种市场行为,其目的是为了通过更低成本的方式解决世界碳排放过度的问题,不但受到交易本身的影响,而且还受到国际政治、经济、文化和法律等的影响。在国际碳交易融入世界贸易体系的进程中,这种影响有好的一面,也有不利的一面。而且可以确定的是,这种影响的存在带来了各国的法律冲突,特别是与 WTO 贸易法的冲突。考虑到本书对国际碳交易的支持态度,本书先分析其不利因素,再分析其有利因素,以便充分掌握国际碳交易限制措施与 WTO 规则之间冲突的背景所在,而更多地关注国际碳交易限制措施与 WTO 规则之间的一致性协调。

---

① 黄小喜,郑远民. 基于减排目标的贸易限制措施与 WTO 义务的一致性——基于多边贸易法的考察[J]. 深圳大学学报(人文社会科学版),2011,(1):71 – 72.

② 张荣芳. 经济全球化与国际贸易法专题研究[M]. 北京:中国检察出版社,2008:189 – 190.

（一）国际碳交易融入世界贸易体系的不利因素

1. 国际政治介入碳交易的不利影响。“碳政治”是当前国际社会对围绕温室气体减排形成的各国政治关系的一种说法，又称“气候政治”。[①] 有学者指出，“碳政治”关系可以诠释当前各国围绕温室气体排放的政治意图、政治手段和政治关系。[②] 它发端于一套环保理念以及由此形成的政治环境，与20世纪60年代全球青年造反运动有关。并且，随着20世纪80年代与90年代人们对世界气候变化的共识形成，联合国环境发展大会于1992年通过了《联合国气候变化框架公约》并于1997年通过了《京都议定书》建立了京都三机制，明确了发达国家率先减排并援助发展中国家减排的资金和技术，确立了负有国际义务的各发达国家的强制减排指标，形成了碳交易市场的政治与法律基础。

应当说，在推动国际碳交易市场和碳交易法律机制的进程中，“碳政治”发挥了积极的能动作用，而且其为国际碳交易的进一步扩大奠定了良好的政治基础。但自从“碳政治”出现以来，国际社会就存在两方意见，赞成的一方和反对的一方，且形成三大政治阵营，即欧盟阵营、以美国为首的“伞形”国家集团阵营、发展中国家阵营。此外还有小岛国联盟、石油输出国组织等。这种多阵营的态势意味着在“碳政治”的博弈中，各阵营代表的阵营集团利益是不相同的，反映出各阵营集团在涉及碳排放的技术、政治、法律方面的完全各异的一面，分解到各阵营集团下的各国，更是如此。如欧盟阵营擅长于能源系统内的各项技术，特别推崇碳排放的节能推广和碳交易，是当然的“碳政治”领导者。而且，这种阵营集团的“碳政治”博弈，必然要分解到各国的特定利益集团的碳排放热情、碳排放理念、碳排放政治意图、碳排放

① 孔凡立，罗月娥. 全球化时代国际“碳政治”博弈与中国的战略选择[J]. 天水行政学院学报，2010，(4)：54.

② 强世功. “碳政治”：新型国际政治与中国的战略抉择[DB/OL]. 社会学视野网，http://sociologyol.org/，最后访问日 2011-12-02.

技术水平等指标体系中,因为,围绕各国碳交易的碳排放配额指标的博弈,最终还是要落实到国家利益名义下那些真正起主导作用的利益集团上。[①]反之,这也表明,在推动“碳政治”的进程中,各阵营集团以及各国的利益集团将围绕庞大的碳交易市场和巨大的碳交易利益而展开博弈和角逐,以争夺国际碳交易的话语权、技术控制权和规则制定权。自2005年《京都议定书》生效以来,无论是2007年的“巴厘岛路线图”、2009年的“哥本哈根协议”,还是2011年的“南非德班会议”,虽不是真的兵刃城下,厮杀战场,但其场面、其争执程度不亚于此。因此,如果在面对温室气体减排和交易的立场上,各阵营及各国不按照《联合国气候变化框架公约》和《京都议定书》所确定的原则、规则和方法进行,而各自推出自己的只为保护本国狭隘利益的碳减排立场、规则和方法,必然只会加剧“碳政治”博弈的激烈程度,导致在碳减排的合作难以完成,如美国2009年的“限量与贸易法案”对碳交易的域外产品征收碳关税、欧盟通过法案对入境的航空器征收碳关税的做法只会使各国采取更多的针对碳交易的贸易限制措施,而使碳减排和碳交易面临更多困境。而国际贸易自由体系不但是各国的贸易机制合作的形成,更是各国间良好政治关系推动的结果,国际贸易规则中的最惠国待遇原则、国民待遇原则等都是各国政治互信和友善的表现。因而,国际碳交易中的“碳政治”博弈如果是站在人类可持续发展和发展中国家得到持续发展动力的前提下进行的,则可以充分发展碳交易及其市场,而减少碳交易的法律冲突;反之,国际碳交易中的“碳政治”博弈如果是站在各阵营集团及其各国的利益狭隘立场进行的,将会对碳交易及其市场产生不利的影响,从而导致碳交易的法律冲突加剧。

2. 国际经济发展对碳交易的不利影响。碳交易的客体就是通过碳技术革新或其他方式形成的碳减排盈余量。就各国经济方面而言,围绕碳交易

---

① 柳下再会. 以碳之名[M]. 北京:中国发展出版社,2010:142.

客体的形成,包括下列因素:碳减排项目的存在,碳减排技术的进步,碳减排资金的提供等,但归根结底在于碳减排资金的获得,否则项目和技术就不复存在。而这就与各阵营集团和各国的经济发展水平联系起来。如《联合国气候变化框架公约》确定了发达国家对发展中国家的资金援助机制,2009 年哥本哈根会议提议并经 2010 年墨西哥坎昆气候变化大会确定创建“绿色气候基金”,以支持发展中国家,承诺发达国家要在 2010 ~ 2012 年间出资 300 亿美元作为快速启动资金,在 2013 ~ 2020 年间每年提供 1000 亿美元的长期资金,帮助发展中国家适应气候变化,但由于近几年来的金融危机,导致欧洲国家的经济发展受到极大影响,以致这些发达国家在面对确定实质出资承诺的德班会议谈判时,总是很难爽快地答应,并且总有反对的声音。[①] 因此,国际社会的经济发展和各国的经济发展将决定碳交易的规模、层次和水平,也决定了发达国家在考虑对发展中国家的经济和技术援助的程度。如果国际社会的经济发展水平不佳,将会影响到国际社会对推动碳减排的热情。

3. 国际碳交易法律规制不完善的影响。涉及国际碳交易法律体系的形成,在前文中有较多论及。目前,除《联合国气候变化框架公约》和《京都议定书》外,尚有欧盟碳排放交易体系规则、各国碳交易法律规定等。在国际碳交易融入世界贸易体系进程中,除了碳交易法律体系本身存在碳排放权法律属性尚未确定、碳排放案件判例尚无形成、碳排放交易法律体系比较分散等法律规制的问题,国际碳交易法律体系与世界贸易组织法律规则体系之间是两个独立的系统,且在法律规则之间的对接上,国际社会尚未充分讨论和达成一致的意见是一个更为突出的问题。另外,与国际碳交易有关的环境措施条款缺乏透明度,许多国家以保护环境为借口,大量采用“绿色壁

① 如美国、沙特阿拉伯等国就对设立绿色气候基金持反对意见。参见刘小军.英报:美国反对设立“绿色气候基金”[DB/OL].新华网,http://news.xinhuanet.com/world/2011-11/25/c_122333709.htm,最后访问日 2011-12-02.

垒”。虽然 WTO 为用于环境保护的贸易措施和对贸易有重大影响的环境措施的通知与登记提供了广泛的体制支持,但仍有许多与贸易有关的环境措施以及为实施多边环境条约和其他国际规则的国内措施等,尚未被纳入 WTO 的制度体系中。因此,国际碳交易的法律规制的这种不完善,将可能导致国际碳交易游离于国际贸易体系之外,使国际碳交易融入世界贸易体系的进程受挫。

(二)国际碳交易融入世界贸易体系的契机

1. 国际碳减排强制义务的延续。1997 年《京都议定书》于 2005 年生效,意味着发达国家的碳减排义务是一种国际责任,是一种强制性的国际义务,意味着“共同而有区别”的责任原则在国际社会达成充分的共识并将得到有效落实。这一历史性的气候谈判成果,不仅如此,还在发达国家与发展中国家通过 CDM 项目和其他资金或技术的援助机制中建立了密切的联系机制。但它的缺陷也是非常明显的,即它只确定了从 2008 ~ 2012 年第一阶段的强制减排义务,而且并没有形成实质的详尽的监督体系,以致在第一阶段任务期即将完成时,产生了两大致命的问题:一是“后京都时代”的碳减排国际义务问题;二是《京都议定书》对附件一国家对发展中国家的资金和技术援助没有刚性约束以及对不履约国家的处罚无力的问题。这两个问题,如果没有在气候大会上得到确定,都将使国际社会近几十年来围绕气候变化的谈判和努力付诸东流。因而,在 2011 年 11 月 28 日至 12 月 9 日的德班会议上,确定了四项议题,即确定发达国家在《京都议定书》第二承诺期的量化减排指标;明确非公约发达国家在公约下承担与其他发达国家可比的减排承诺;落实有关资金、技术转让方面的安排;细化《坎昆协议》中有关“三可”和透明度的具体安排,其目的最终就是要使上述的两个关键问题在国际社会达成一致共识。尽管有诸多不同的声音,也有许多人不抱希望,但德班会议最后形成的“五大成果”,最终就发展中国家最为关心的《京都议定书》第二承诺期问题作出了安排,并启动了绿色气候基金,使得国际碳减排强制义务的进一步延续。这将为下一步的气候谈判启动奠定了良好的基础，从而将有力推动国际碳交易体系的完成以及国际碳交易与世界贸易体系的对接。

2. 国际碳交易市场的不断扩大趋势。国际贸易市场和规则的形成源自于贸易发展的需要。国际碳交易市场的扩充和碳交易法律规则的制定也是如此。尽管当前受到政治因素、供求因素、气候、能源价格和宏观经济环境等因素以及相关产品的价格影响因素等的影响，[①]国际碳交易的价格并非一致，出现了南北不均衡的发展态势，全球统一的碳排放权交易市场也尚未形成，但不可否认的是，从国际碳交易的成交量和成交额来看，还是呈市场扩大化趋势。根据世界银行的数据，国际碳交易的市场交易额为 100 亿美元，到 2008 年达到了 1350 亿美元，到 2009 年基于配额的碳交易达到 1200 多亿美元，基于项目的碳交易达 200 多亿美元，总计达 1400 多亿美元，[②]由于受金融危机的影响，碳交易产品的价格下跌，实际的碳交易成交量是增长了好几倍，碳交易成交额也是上张的。而且可以佐证的是，2009 年以后的碳交易产品价格下跌是受到了金融危机和“后京都时代”强制减排义务不确定的影响，而这随着国际经济发展势态的可能好转以及德班大会最会确定的强制减排义务的延续，国际碳交易市场必须有一个更大的发展。此点还可以从各国碳排放交易市场的相继建立和扩展可以看出端倪。由此，本书认为，碳交易作为一种新型的技术创设交易，随着市场扩大，将需要变成一种稳定的、可持续的交易形式并得到法律的确认，而被纳入世界贸易体系之中才是比较好的选择之道。

3. 国际碳交易法律规范体系的健全发展。虽然国际碳交易法律规范仍有许多不完善之处，离统一的碳交易法律规范体系的全面完成尚有较大差距，但在本书第三章，也曾论及国际碳交易的法律规范体系，包括国际公约，

---

① 曾梦琦. 国际碳交易市场发展及其对我国的启示[J]. 金融市场，2011，(1)：62－64.

② 陈晖. 全球碳市场的现状：基于配额的交易和基于项目的交易[DB/OL]. 上海情报服务平台，http://www. istis. sh. cn/list/list. aspx? id＝7250，最后访问日 2012－01－10.

如《联合国气候变化框架公约》和《京都议定书》以及 COP/MOP 的会议成果;区域性公约和法律机制,如欧盟碳排放交易体系下的规则;各国碳交易的法律,如美国的《清洁能源与安全法案》、英国的《气候变化法》、日本的《全球气候变暖对策基本法案》等。国际碳交易的这些法律规范,最终会随着国际碳减排强制义务的延续和国际碳交易市场的扩大逐步健全和完善。特别是国际碳交易的贸易限制措施在一定程度上为 WTO 规则所吸收而相一致,例如,WTO 条款规定各成员方"为有效保护可用竭的自然资源的有关措施"在"与国内限制生产与消费的措施相配合"的情况下,可以采取贸易限制措施,而在实践中,单边 PPM 在一定程度上被认可,[①]多边环境公约开始适用于案件的审理,国内环境保护措施开始被认可具有域外效力,环境措施的透明度提高,都喻示着国际碳交易融入世界贸易体系的条件逐步成熟。

(三)国际碳交易融入世界贸易体系对接法律机制的形式正义与实质正义

伟大的思想家亚里士多德曾认为"正义是全部德行的综合体,正义以公共利益为依归,正义寓于'某种平等'之中";[②]并把正义分为三种形态,即分配正义、矫正正义和交换正义。在国际碳交易的实际交换过程中,同样存在亚里士多德曾阐述的"正义":即分配正义——碳排放配额的公平分配。考虑到发达国家与发展中国家在历史碳排放上的重大差异,确定"共同而有区

---

① PPM(production and process method),是指产品的生产方法或工艺方法。其是国际贸易历史上最有争议的词组之一。单边 PPM 环境贸易措施是指为了达到特定的保护环境和生物安全的目的,在没有经过多边协商的情况下采取的对国际贸易进行限制的法律、规章或具体的技术规范、标准等。单边的 PPM 争议源自 20 世纪 90 年代的"金枪鱼海豚"案,发生在美国与墨西哥、委内瑞拉等国之间。而单边 PPM 环境贸易措施最终被一定程度上认可则是 1998 年 WTO 专家组对"海虾海龟"案的裁决。See IISD and UNEP, Environment and Trade: A Handbook (2000), at 41; GATT Dispute Settlement Panel Report on Unite States—Restrictions on Imports of Tuna, circulated on 3 September 1991, not adopted, DS21/R [hereinafter Tuna—Dolphin I]; United States - Import Prohibition of Certain Shrimp and Shrimp Product, Appellate Body Report and Panel Report adopted on November 1998, WT/DS58 [hereinafter Shrimp Turtle]. 转引自鄂晓梅. 单边 PPM 环境贸易措施与 WTO 规则:冲突与协调[M]. 北京:法律出版社,2007:2-5.

② 亚里士多德. 政治学[M]. 吴寿彭译. 北京:商务印书馆,1965:148.

别”的责任原则,要求发达国家负起强制减排的义务;交换正义——碳排放权的市场公平交换。在发达国家以市场价格波动的机制实施配额交换,在发达国家和发展中国家之间除了市场机制的调整外,还充分考虑发达国家对发展中国家的资金和技术支撑,采用项目的形式进行交易;矫正正义——发达国家对发展中国家的资金和技术援助以及各国针对碳排放权交易的关税、补贴等贸易限制措施。

上述国际碳交易的“正义”,如果要变成为稳定的、可持续的政治或经济收益,就必须用法律的规则固定下来,而且应该是在世界自由的贸易体系范围中。“20 世纪以来,国际法所依赖的执行机制发生了重大变化。全球化导致的国家之间的复杂多样的合作关系,使得国际法的约束力大大增强。主权至上虽然没有受到挑战,但其越来越受到国际法规则的约束。而这种约束,就是建立在协商谈判所建立的共识基础之上的”。① 因而,国际碳交易要想融入世界贸易体系中,就必须实现国际碳交易的法律规范和 WTO 规则之间的充分对接,体现国际碳交易法律规范的正义的价值存在。而这,可以从形式正义和实质正义两个方面来阐释。

形式正义着眼于抽象,着眼于制度的实现;实质正义着眼于具体,着眼于制度内容和目的的实现。反映在国际碳交易的法律规范体系上,形式正义意味着该法律规范体系的完善和措施的落实到位;实质正义则意味着国际碳交易所追求的“人类共同关切事项”——温室气体排放得到有效控制,实现人类可持续的发展。从目前的现实状况,国际碳交易的法律规范体系正在完善,但在与世界自由贸易体系对接的制度设立中,尚未形成。而有关国际碳交易的贸易限制措施,则是为保护各国环境和生物安全之目的的绿色措施,即从制度的形式上,国际碳交易法律规范与世界贸易规则的对接仍然存在冲突;但就国际碳交易法律规范以及贸易限制措施与世界贸易规则

① 强世功.“碳政治”:新型国际政治与中国的战略抉择[DB/OL].社会学视野网 http://sociologyol.org/,最后访问日 2011-12-02.

的实质内容和目的，则是追求人类共同利益的实现，具有较大程度上的一致性。国际碳交易要想融入世界贸易体系中，必须认清当前国际碳交易法律规范及其贸易限制措施与世界贸易规则之间的形式正义和实质正义的实现程度。前者是有冲突的，后者是一致的。因此，国际碳交易的法律规范及其贸易限制措施必须发现它们与WTO规则之间的潜在冲突，并找到它们之间的核心共同点，推进制度规范与科学化，实现两者的全面对接。

第四节 小结

任何一类国际碳交易包括多个阶段的完整的实施配额或信用的交易过程，例如CDM项目就包括项目识别；签署减排量购买协议和其他合同；项目设计；获得参与国的批准；项目审定；项目注册；项目实施、监测和报告；减排量的核查和核证；CERs的签发等阶段。国际碳交易最为基本的法律规范是国际商事合同。它将充分规范碳交易主体之间的权利和义务。在选择不同的碳交易合同模板确定碳交易买卖双方权利和义务时，会发生不同国家或集团之间的合同法律适用冲突。而随着世界贸易组织在成立时对国际环境保护的重视并在各国之间达成的多项共识，在世界贸易组织规则与《京都议定书》条款间形成了一个相互尊重对方管制领域的普遍共识。

尽管如此，目前的国际碳交易还没有形成完整的统一市场，各国的碳交易立法在适用时与WTO规则还存在大量的不一致。这必然会产生国际碳交易法律规范与WTO规则之间的冲突。例如碳交易的环境保护原则与自由贸易原则的冲突、国际碳交易项目与开发规制间的法律冲突、围绕碳交易的贸易限制措施与WTO规则之间的冲突等。特别是后者，更多地是发达国家与发展中国家在环境与贸易发展关系的立场迥异而采取的相对立的贸易措施。这些相对立的措施有些是与世界自由贸易原则相一致的，有些是与世界自由贸易原则相违背的。违背自由贸易原则的那部分贸易限制措施,如法规、标准等会冲击 WTO 的非歧视原则和市场准入原则,从而引起国际碳交易及其相关措施与 WTO 规则之间的争端。它包括针对国际碳交易标的的限制措施与 GATT 之间的潜在冲突、针对国际碳交易项目的限制措施与 GATS 之间的潜在冲突、针对国际碳交易的补贴措施与 SCM 之间的潜在冲突、针对国际碳交易的碳税措施与 WTO 规则之间的潜在冲突(该类冲突已经发生,如美国的 2009 年《清洁能源与安全法案》第 768 节"国际储备配额项目"的规定和 2012 年 1 月 1 日起欧盟将开始对所有到、离欧盟机场的航班征收排放交易税的规定)。

国际碳交易贸易限制措施与 WTO 规则之间的冲突,在表面上是与 WTO 法设定的自由贸易义务和削减市场准入壁垒的义务背道而驰的。但在对碳排放权交易制度是否属于 WTO 法的适用范围作出肯定判断后,我们有必要恰当地平衡环境保护目标与多边自由贸易体制价值取向之间的冲突关系,从而找到国际碳交易的贸易限制措施与 WTO 规则之间的一致性。而这,完全可以通过对国际部门协定下贸易限制措施与 WTO 义务的相容性考察得出结论。在 GATT 中,与环境政策或措施具有直接相关的规则分别是 GATT 第 1 条的最惠国待遇原则、第 3 条的国民待遇原则、第 11 条的禁止数量限制原则、第 20 条例外原则序言、第 20 条第(b)款"例外原则措施对于保护人、畜或植物生命或健康是必需的"和第(g)款"如果这些措施涉及枯竭性自然资源保护"。因此,所有的国际碳交易的限制措施不但要符合相应的国际多边环境的规定,还需在接下来的发展中充分考虑其与 WTO 规则之间的一致性问题。

可见预见的是,围绕气候变化的法律规范体系与世界贸易投资法律规范体系将会在接下来的发展进程中共同改进各自的规范内容和机制,以适应新的经济和政治环境的变化。因此,我们继续密切跟踪和分析两个法律规范体系间的关系发展具有十分重要的意义。"应该指出,二者若为实现共同的目标携手共进是可以大获裨益的，特别是考虑到未来若干年内会有越来越多的发展中国家加入到《京都议定书》这一阵营中来，其所获得的收益就会更加巨大”。[①]

① The World Bank. 国际贸易与气候变化——经济、法律和制度分析[M]. 廖玫译. 北京：高等教育出版社，2010：38.

结　语

本书以国际气候变化形势下的国际碳交易法律问题为切入点，对当前国际碳交易所存在几大热点、难点问题进行研究，重点研究了国际碳交易的基本法律属性、国际碳交易法律规范的特殊性、国际碳交易认证法律制度、国际碳交易合同法律制度、国际碳交易限制措施与WTO规则间的潜在冲突与一致性，从而对国际碳交易中所涉及的碳排放权的法律属性、法律规范的“软法”性、认证标准和程序的缺陷及矫正、权利和义务的对等性、违约责任的认定及补偿、贸易限制措施与WTO规则之间的冲突和一致性等问题不仅进行了详尽的分析，而且对其中所存在争议、分歧、科学性、对策与措施等问题进行了全面的阐述和回答。

通过研究，本书得出以下结论。

一是碳排放权的权利属性是碳交易的基准和核心。碳交易过程中所形成和所保障的法律规范体系、机制和具体措施都是以碳排放权为中心确立起来的。碳排放权的权利属性依英美法系和大陆法系的不同而区分为英美财产属性和大陆法系的用益物权属性、准物权属性以及环境权属性。但碳排放权的财产属性、用益物权属性、准物权属性以及环境权属性都是站在国内法的角度加以确认的。它的局限性也是较为明显的。因此，需要在超越法系或是国内法基本理论和制度的基础上，从国际法层面作出法律、伦理和道德的回应。碳排放权的自然法属性、人权法属性以及人类环境权益法属性应是当代人类控制温室气体、确保人类享有清洁空气权的一个正面的回应。

二是碳排放权交易的法律规范是碳排放交易的适时调整器。调整碳排放交易的规则具有公法与私法相结合、实体规范与程序规范相结合、国际法与国内法双重监管的特征;法律规范也具有渊源的宽泛性、种类的多样性、内容的综合性等特征。更为显现的是,现行碳排放交易法律规范具有非系统化与“软法性”特征,即国际碳交易法律规范的非统一性、国际碳交易法律规范的非完整性、国际碳交易法律规范国际法效力的“软法”性等。因此,为加强世界各国的强制减排义务的落实,国际社会需共同加强努力,在给予时间和责任义务分配上的区别对待的前提下,可以逐步达成广泛一致的强制减排条约或协定。

三是实施碳项目的认证(审定和核查核证)是进行碳交易项目的必然程序,而碳项目的认证标准是衡量最后获得“核证的减排量”的法定依据,是决定碳交易项目成功的科学准则。当前,国际上的碳认证标准多达几十个,不同的碳认证标准存在较大的差异性,在碳交易项目采纳该不同的标准时可能带来的认证结果也会不一样,甚至可能导致整个碳交易市场的分割和产生国际碳交易市场的技术性壁垒。为此,在国际碳项目交易发展中,需要从立法层面,对国际碳认证的标准进行研究和细化,建立一个或少数几个精准的科学的认证标准,并在适用上充分考虑发达国家与发展中国的现实性状况,以保障国际碳交易项目认证的公平与公正。

四是国际碳交易行为是通过国际碳交易合同的有效规范达成的。国际碳交易合同,是指地处不同国家的买方按照京都机制设定的或自愿交易体系约定俗成的目的,而与为获得资金或技术的他国卖方签订的以碳排放配额或信用为标的的买卖协议。它具有国际性、交付的特殊性、标的特殊性、法律适用的特殊性、涉外性等几个特点。同时,作为国际性的无形商品交易合同,国际碳交易合同还有国际商事合同的平等性、合同本身内容的精准性和模糊性等国际法属性。在进行国际碳交易过程中,应充分关注国际碳交易合同主体和客体、权利和义务、履约程序和法律效力等内容的特殊性，其目的是为了碳交易合同的更好履行，避免违约——而即使如此，也应当采取合适的补救措施对其予以充分救济。

五是在选择不同的碳交易合同模板确定碳交易买卖双方权利和义务时，会发生不同国家或集团之间的合同法律适用冲突。随着世界贸易组织在成立时对国际环境保护的重视并在各国之间达成的多项共识，在世界贸易组织规则与《京都议定书》条款间形成了一个相互尊重对方管制领域的普遍共识。尽管如此，目前的国际碳交易还没有形成完整的统一市场，各国的碳交易立法在适用时与 WTO 规则还存在大量的不一致。国际碳交易贸易限制措施与 WTO 规则之间的冲突，在表面上是与 WTO 法设定的自由贸易义务和削减市场准入壁垒的义务背道而驰的。但在对碳排放权交易制度是否属于 WTO 法的适用范围作出肯定判断后，我们有必要恰当地平衡环境保护目标与多边自由贸易体制价值取向之间的冲突关系，从而找到国际碳交易的贸易限制措施与 WTO 规则之间的一致性。因此，所有的国际碳交易的限制措施不但要符合相应的国际多边环境的规定，还需在接下来的发展中充分考虑其与 WTO 规则之间的一致性问题。

尽管本书对国际碳交易的相关法律问题进行了较为周密的研究，但由于时间和搜集掌握资料不足以及自身研究能力的原因，本书仍在以下几个方面需要日后加以继续研究：(1)国际碳交易排放权综合自然法、国际人权法与环境法的法律属性应在国际立法层面得到确认。但它的确认主体是由哪个组织或国家担当？确认的依据又是什么？确认后该如何适用？(2)能否在《联合国气候变化框架公约》缔约方会议上改变国际碳交易法律规范“软法”性的状况，以利于国际碳交易强制减排义务的全面顺利实施？(3)国际碳交易认证标准如何做到全面统一？该标准的实施细则又是如何制定？(4)国际碳交易合同能否不仅仅只是目前的一种或几种合同模板形式，而由有关国际组织制定出统一的国际碳交易示范合同文本，以便于该碳交易合同示范文本的广泛使用？(5)能否将国际碳交易纳入国际贸易体系中？(6)国际碳交易的融资法律规制该怎样进行？等等。这些问题都需要在今后的理论和实践层面继续研究,以期得出肯定的科学的结论。

参考文献

一、中文文献

（一）专著

[1]程卫东. 欧盟法律创新[M]. 北京:社会科学文献出版社,2008.

[2]李先波. 英美合同解除制度研究[M]. 北京:北京大学出版社,2008.

[3]崔建远. 合同法[M]. 北京:法律出版社,2000.

[4]李宏,赵晓晨. 国际贸易理论与政策[M]. 北京:清华大学出版社 · 北京交通大学出版社,2009.

[5]李明良,吴弘. 产权交易市场法律问题研究[M]. 北京:法律出版社,2008.

[6]曲如晓. 贸易与环境:理论与政策研究[M]. 北京:人民出版社,2009.

[7]张荣芳. 经济全球化与国际贸易法专题研究[M]. 北京:中国检察出版社,2008.

[8]田玉红. WTO 框架下中国贸易政策与产业政策的协调[M]. 北京:人民出版社,2009.

[9]汪劲等. 绿色正义——环境的法律保护[M]. 广州:广州出版社,2000.

[10]徐淑萍. 贸易与环境的法律问题研究[M]. 武汉:武汉大学出版

社,2002.

[11]那力等. WTO 与环境保护[M]. 长春:吉林人民出版社,2002.

[12]王树义. 俄罗斯生态法[M]. 武汉:武汉大学出版社,2001.

[13]高家伟. 欧洲环境法[M]. 北京:工商出版社,2000.

[14]汪劲. 环境正义:丧钟为谁而鸣(美国联邦法院环境诉讼经典判例选)[M]. 北京:北京大学出版社,2006.

[15]王树义. 可持续发展与中国环境法治——循环经济立法问题专题研究[M]. 北京:科学出版社,2007.

[16]谷德近. 多边环境协定的资金机制[M]. 北京:法律出版社,2008.

[17]朱家贤. 环境金融法研究[M]. 北京:法律出版社,2009.

[18]李慎明. 2003 年全球政治与安全报告[M]. 北京:社会科学文献出版社,2003.

[19]秦亚青. 理性与国际合作:自由主义国际关系理论研究[M]. 北京:世界知识出版社,2008.

[20]盛洪. 现代制度经济学(上下卷)[M]. 北京:北京大学出版社,2003.

[21][美]保罗·萨缪尔森,威廉·诺德豪斯. 经济学(第十六版)[M]. 北京:华夏出版社,1999.

[22][美]R. 科斯,A. 阿尔钦,D. 诺斯等. 财产权利与制度变迁——产权学派与新制度学派译文集[M]. 上海:上海人民出版社,2004.

[23]王蓉. 中国环境法律制度的经济学分析[M]. 北京:法律出版社,2003.

[24]杨姝影,蔡博峰,曹淑艳. 国际碳税研究[M]. 北京:化学工业出版社,2011.

[25]郎咸平. 郎咸平说新帝国主义在中国 1[M]. 北京:东方出版社,2010.

[26]郎咸平. 郎咸平说新帝国主义在中国2[M]. 北京:东方出版社,2010.

[27]余淼杰. 国际贸易的政治经济学分析:理论模型与计量实证[M]. 北京:北京大学出版社,2009.

[28][美]杰克·戈德史密斯,埃里克·波斯纳. 国际法的局限性[M]. 北京:法律出版社,2010.

[29]崔大鹏. 国际气候合作的政治经济学分析[M]. 北京:商务印书馆,2003.

[30]周亚成,周旋. 碳减排交易法律问题和风险防范[M]. 北京:中国环境科学出版社,2011.

[31][美]埃里克·波斯纳,戴维·韦斯巴赫. 气候变化的正义[M]. 北京:社会科学文献出版社,2011.

[32]张海滨. 环境与国际关系——全球环境问题的理性思考[M]. 上海:上海人民出版社,2008.

[33]邓海峰. 排污权——一种基于私法语境下的解读[M]. 北京:北京大学出版社,2008.

[34]王贵国. 世界贸易组织法[M]. 北京:法律出版社,2003.

[35]鄂晓梅. 单边PPM环境贸易措施与WTO规则:冲突与协调[M]. 北京:法律出版社,2007.

[36]唐颖侠. 国际气候变化条约的遵守机制研究[M]. 北京:人民出版社,2009.

[37]黄辉. WTO与环保——自由贸易与环境保护的冲突与协调[M]. 北京:中国环境科学出版社,2010.

[38]柳下再会. 以碳之名[M]. 北京:中国发展出版社,2010.

[39]王遥. 碳金融——全球视野与中国布局[M]. 北京:中国经济出版社,2010.

[40]潘家华,陈迎,李晨曦.碳预算方案的国际机制研究[M].北京:经济科学出版社,2009.

[41]中国清洁发展机制基金管理中心,大连商品交易所.碳配额管理与交易[M].北京:经济科学出版社,2010.

[42]国家环境保护总局,WTO 新一轮谈判环境与贸易问题研究系列丛书编委会.WTO 新一轮谈判环境与贸易问题研究[M].北京:中国环境科学出版社,2005.

[43]夏光,冯东方,吴玉萍.加入 WTO 与国内环境政策调整[M].北京:中国环境科学出版社,2005.

[44]陈泮勤,曲建升.气候变化应对战略之国别研究[M].北京:气象出版社,2010.

[45]王毅刚,葛兴安,邵诗洋等.碳排放交易制度的中国道路——国际实践与中国应用[M].北京:经济管理出版社,2011.

[46]王毅刚.中国碳排放权交易体系设计研究[M].北京:经济管理出版社,2011.

[47]鄢德春.中国碳市场建设——融合碳期货和碳基金的行动体系[M].北京:经济科学出版社,2010.

[48]刘婧.我国节能与低碳的交易市场机制研究[M].上海:复旦大学出版社,2010.

[49]郭冬梅.应对气候变化法律制度研究[M].北京:法律出版社,2010.

(二)论文

[1]吕忠梅.论环境使用权交易制度[J].政法论坛,2000,(4).

[2]杨兴.试论国际环境法的共同但有区别的责任原则[J].时代法学.2003,(1).

[3]刘兰翠,范英,吴刚等.温室气体减排政策问题研究综述[J].管理评

论,2005,17(10).

[4]胡迟.《京都议定书》框架下的排放权交易[J].绿叶,2007,(6).

[5]冷罗生.构建中国碳排放权交易机制的法律政策思考[J].中国地质大学报》(社会科学版),2010,10(2).

[6]杨兴.气候变化的国际法之秩序价值初探[J].河北法学,2004,22(5).

[7]于天飞.碳排放权交易的产权分析[J].东北农业大学学报(社会科学版),2007,5(2).

[8]任捷,鲁炜.关于中国温室气体排放权交易体系的构想[J].南京理工大学学报(社会科学版),2009,22(3).

[9]丁方旭.跨国排放权交易的若干思考[J].中南财经政法大学研究生学报,2007,(6).

[10]杨通进.全球正义:分配温室气体排放权的伦理原则[J].中国人民大学学报,2010,(2).

[11]沈春女.契约自由与环境权益的冲突与平衡[J].北方论丛,2008,(1).

[12]黄孝华.国际碳基金运行机制研究[J].武汉理工大学学报,2010,32(4).

[13]何建坤,陈文颖,滕飞等.全球长期减排目标与碳排放权分配原则[J].气候变化研究进展,2009,5(6).

[14]王江,隋伟涛.碳排放权交易问题的博弈研究[J].中国市场,2010,(14).

[15]苏伟,吕学都,孙国顺.未来联合国气候变化谈判的核心内容及前景展望——“巴厘路线图”解读[J].气候变化研究进展,2008,4(1).

[16]白洋.论我国碳排放权交易机制的法律构建.河南师范大学学报(哲学社会科学版),2010,37(1).

[17]杨志,陈军. 应对气候变化:欧盟的实现机制碳交易和低碳经济[J]. 内蒙古大学学报,2010,(3).

[18]郭兆晖,李普,廉桂萍. 欧盟对民航业碳排放收费问题的透视[J]. 内蒙古大学学报,2010,(3).

二、中译文献

[1]罗尔斯. 正义论[M]. 何怀红译. 北京:中国社会科学出版社,2001.

[2][美]罗伯特 · 考特,托马斯 · 尤伦. 法和经济学[M]. 张军译. 上海:上海三联出版社,1994.

[3][德]沃尔夫冈 · 费肯杰. 经济法(第一、二卷)[M]. 张世明等译. 北京:中国民主法制出版社,2010.

[4][美]丹尼尔 · A. 科尔曼. 生态政治:建设一个绿色社会[M]. 梅俊杰译. 上海:上海译文出版社,2002.

[5][俄]C. H. 坦基扬. 新自由主义全球化——资本主义危机抑或全球美国化[M]. 王新俊,王炜译. 北京:教育科学出版社,2008.

[6][俄]A. N. 科斯京. 生态政治学与全球学[M]. 胡谷明,徐邦俊等译. 武汉:武汉大学出版社,2008.

[7][美]康威 · 汉得森. 国际关系:世纪之交的冲突与合作[M]. 金帆译. 海口:海南出版社,2004.

[8]经济合作与发展组织. 环境管理中的经济手段[M]. 张世秋等译. 北京:中国环境科学出版社,1996.

[9]经济合作与发展组织. 国际经济手段和气候变化[M]. 曹东等译. 北京:中国环境科学出版社,1996.

[10]The World Bank. 国际贸易与气候变化——经济、法律和制度分析[M]. 廖玫译. 北京:高等教育出版社,2010.

[11][日]加藤尚武. 资源危机——留给我们解决的时间不多了[M]. 曹

逸冰译. 北京:石油工业出版社,2010.

[12][美]丹尼尔 R. 阿普尔亚德,小艾尔佛雷德 J. 菲尔德,史蒂芬 L. 柯布. 国际经济学(国际贸易分册)[M]. 赵军译. 北京:机械工业出版社,2010.

[13][英]奈杰尔·劳森. 呼唤理性——全球变暖的冷思考[M]. 戴黍,李振亮译. 北京:社会科学文献出版社,2011.

[14]环维易为低碳译丛. 欧盟排放交易体系规则[M]. 焦小平等译. 北京:中国财政经济出版社,2010.

三、外文文献

(一)专著

[1]Robert Priddle. (2001) International Emission Trading From Concept to Reality[M]. OECD/IEA.

[2]Bernstein, Janis D. (1993) Alternative Approaches to Pollution Control and Waste Management: Regulatory and Economic Instruments[M]. The World Bank.

[3] Jota Ishikawa. (2008) Greenhouse - gas Emission Controls and International Carbon Leakage through Trade Liberalizaion [M]. Hitotsubashi University and RIETI.

[4] Tim Hayward. (2004) Constitutional Environmental Rights [M]. Oxford University Press.

[5] Graciela Chichilnisky & Geoffrey Heal eds., (2000) Environmental Markets: Equity and Efficiency[M]. Columbia University Press.

[6] Urich Bartsch et al., (2000) Fossil Fuels in a Changing Climate: Impacts of the Kyoto Protocol and Developing Country Participation[M]. Oxford University Press.

[7]US Department of Energy. (2001) International Energy Annual 1999

[US Department of Energy. Report DOE/EIA - 0219 (99)] [M]. Washington. DC.

[8]Ellerman, A. D., and A. Decaux. (1998) Analysis of Post - Kyoto CO2 Emissions Trading Using Margingal Abatement Curves [M]. MIT Joint Program on the Science and Policy of Global Change, Report No. 40, Massachusetts Insitute of Technology.

[9]United Nations. (2002) Energy Statistics Yearbook[M]. (2000) New York.

[10]Van der Mensbrugghe, D. (1998). A(Preliminary) Analysis of the Kyoto Protocol: Using the OECD GREEN Model[M]. Presented at the OECD Workshop on the Economic Modelling of Climate Change, 17 - 18 September, Paris.

[11] NATSOURSE. (2002) Review and Analysis of the Emerging International Greenhouse Gas Market[M]. PCF Report.

[12]IETA. (2003 -2010) Greenhouse Gas Market[M].

(二)论文

[1]Jonathan E Sinton. (2000) What goes up: recent trends in China's energy consumption[J]. Energy Policy, 28(10): 617 -687.

[2] MacCracken, C. N., Edmonds, J. A., S. H. Kim, and R. D. Sands. (1999) The Economics of the Kyoto Protocol[J]. Energy Journal 20 (Special Issue on the Cost of the Kyoto Protocol): 25 -71.

[3] McKibbm, W. J., Ross, M. T., Shackleton, R., and P. J. Wilcoxen. (1999) Emissions Trading, Capital Flows and the Kyoto Protocol[J]. Energy Journal 20 (Special Issue on the Cost of the Kyoto Protocol): 287 -333.

[4]Weyant, J. P. ed., (1999) The Cost of the Kyoto Protocol: A Multi - Model Evaluation[J]. Energy Journal 20 (Special Issue): 1 -398.

[5] Stefan Weishaar. (2000) CO2 Emission Allowance Allocation Mechanisms, Allocative Efficiency and the Environment: a Etatic and Dynamic Perspective[J]. Pattern Recognition, vol. 33, pp. 149 – 160.

[6] Frank Jotzo · John C. V. Pezzey. (2007) Optimal intensity targets for greenhouse gas emissions trading under uncertainty [J]. Environmental and Resource Economics, vol. 38, pp. 259 – 284.

[7] Regina Betz · Todd Sanderson Tihomir Ancev. (2009) In or out: efficient inclusion of installations in an emissions trading scheme [J]. Regulatory Economics, vol. 4, pp. 50 – 53.

[8] John C. V. Pezzey. (2003) Emission Taxes and Tradeable Permits A Comparison of Views on Long – Run Efficiency[J]. Environmental and Resource Economics, pp. 329 – 342.

[9] Karl – Martin Ehrhart Christian Hoppe. Ralf L? schel. (2008) Abuse of EU Emissions Trading for Tacit Collusion [J]. Environmental and Resource Economics, vol. 41, pp. 347 - 361.

[10] Goetz, John C. (2009) Development of carbon emissions trading in Canada. (Petroleum Law Edition) [J]. Alberta law review (0002 – 4821), vol. 46 (2), pp. 377.

[11] Grimaud, A. (1999) Pollution Permits and Sustainable Growth in a Schumpeterian Model[J]. Journal of Environmental Economics and Management, Vol. 38. pp. 249 – 266.

[12] World Bank/IETA. (2007) State and Trends of the Carbon Market 2007[J]. World Bank.

[13] Li Yun. (2000) The costs of implementing the Kyoto Protocol and its Implications to China[J]. International Review for Environmental Strategies, vol. 1, pp. 159 – 174.

[14] Carle' n B. (2003) Market Power in International Carbon Emissions Trading: A Laboratory Test[J]. The Energy Journal, vol. 24(3), pp. 1 - 26.

[15] Richard B. Stewart, Jonathan B. Wiener and Philippe Sands. (1996) A pilot greenhouse gas trading system: the legal issues [J]. United Nations, Geneva, UNCTAD/GDS/GFSB/Misc. 1.

[16] IIC. (2009) Legal Developments in the Carbon Market[J]. Legal Paper Workshop, pp. 1 - 18.

[17] US General Accounting Office. (1995) Air Pollution: Allowance Trading Offers an Opportunity to Reduce Emissions at Less Cost[J]. GAO/RCED - 95 - 30, Washington, D. C.

[18] Harris. Paul G. ed. (2003) Global Warming and East Asia: The Domestic and International Politics of Climate Change[J]. (London: Routledge, 2003).

[19] Boenmare C. Querion P. (2002) Implementing Greenhouse Gas Trading in Europe. Lessons from Economic Literature and International Experiences[J]. Ecological Economics, vol. 43, pp. 213 - 230.

[20] Rubin J. (1996) A model of Intertemporal Emission Trading, Banking and Borrowing[J]. Journal of Environmental Economics and Management, vol. 31 (3), pp. 269 - 286.

[21] Burtraw, Dallas. (1996) The SO2 Emission trading Program: Cost Savings without Allowance Trades Contemporary Economic Policy[J]. Huntington Beach, vol. 14(2), pp. 79 - 95.

[22] Cason, T. N. and L. (2003) Gandgadharan. Transactions Cost in Tradeable Permit Markets: an Experimental Study of Pollution Market Designs [J]. Journal of Regulation Economics, vol. 23(2), pp. 145 - 165.

[23] Westskog H. (1996) Market Power in a System of Tradable CO2 Quotas [J]. Energy Journal, vol. 17, pp. 85 - 103.

[24] Sartzetakis E S. (2004) On the Efficiency of Competitive Markets for Emission Permit[J]. Environmental and Resource Economics, vol. 27(10), pp. 1 - 19.

[25] Fridel B, Getzner M. (2003) Determinants of CO2 emissions in a small open economy[J]. Ecological Economics, vol. 45(1), pp. 133 - 148.

[26] Linden, N. H., J. P. M. Sijm (ECN, Petten); Dankers, A. P. H. (ADventures in ustanable NRG, Petten) (2002) De evenwichtsprijs voor emissiereductie - eenheden: een actualisatie aar aanleiding van recente ontwikkelingen[J]. ECN - C - 01 - 127, February.

[27] H. C. de Coninck., N. H. van der Linden. (2003) An Overview of Carbon Transactions: General Characteristics and Specific Peculiarities[J]. ECN - C - 03 - 022, March.

[28] Adam Rose, Dan Wei, Jeffrey Wennberg and Thomas Peterson. (2009) Climate Change Policy Formation in Michigan: The Case for Integrated Regional Policies[J]. International Regional Science Review, vol. 32, pp. 445 - 465.

[29] Patrick A. Messerlin. (2010) Climate Change and Trade Policy From Mutual Destruction to Mutual Support[J]. The World Bank, July.

[30] Heather Jarvis and Wei Xu. (2006) Comparative Analysis of Air Pollution Trading in the United States and China[J]. http://www.eli.org, March.

[31] Tessa Schwartz & William Sloan. (2009) Carbon Value in Transactions: A Legal Perspective[J]. Clean Tech Law & Business, vol. 59, pp. 59 - 68.

[32] Baker and McKenzie. (2005) Legal Opinion: Powers of the COP/MOP and Executive Board in respect of the CDM[J]. IETA (328710 - v2 MW2 MW6).

[33] Jeremy Schreifels. (2009) Emissions Trading in Santiago, Chile: A Review of the Emission Offset Program of Supreme Decree NO 4[J]. U. S. EPA.

[34] Piritta Sorsa. (1992) The Envirorment: A New Challenge to GATT? [J]. Background paper for World Development Report.

[35] EPA. (2003) Tools of the Trade: A Guide To Designing and Operating a Cap and Trade Program For Pollution Control[J]. EPA430 - B - 03 - 002, www. epa. gov/airmarkets, June.

四、网络资源

[1]欧盟排放权交易体系网站(EU Emission Trading Scheme, EU ETS, http://ec. Europa. eu/environment/climat/emission. htm)。

[2]美国国家环保局网站(Environmental Protection Agency, EPA, http://www. epa. gov/climatechange/)。

[3]美国能源部政策和国际事务办公室网站(http://www. pi. energy. gov/enhancingGHGregistry/index. html)。

[4]澳大利亚气候变化部(Department of Climate Change, www. greenhouse. gov. au)。

[5]中国气候变化信息网(http://www. ccchina. gov. cn)。

[6]联合国气候变化框架公约网站(UN Framework Convention on Climate Change, UNFCCC, www. unfccc. int)。

[7]政府间气候变化专业委员会网站(Intergovernmental Panel on Climate Change, IPCC, www. ipcc. ch)。

[8]联合国环境规划署的清洁发展机制能力开发网站(Capacity Development for the CDM, UNEP, http://cd4cdm. org)。

[9]国际能源机构网站(International Energy Agency, IEA, www. iea. org)。

[10] 国际排放权交易协会网站(International Emission Trading Association, IETA, http://ieta.org/ieta/www/pages/index.php)。

[11]世界银行的碳金融中心网站(World Bank Carbon Finance Unit, WB CFU, http://carbonfinance.org)。

[12]碳交易网站(http://www.emissionstrading.com/)。

[13]中国排放权交易网站(http://www.cet.net.cn)。

[14]芝加哥气候交易所网站(Chicago Climate Exchange, CCX, http://www.chicagoclimateexchange.com/)。

[15]芝加哥气候期货交易所网站(Chicago Climate Futures Exchange, CCFE, http://www.ccfe.com/)。

[16]欧洲气候交易所网站(European Climate Exchange, ECX, http://www.ecxeurope.com/)。

[17]欧洲能源交易所(European Energy Exchange, EEX, http://www.eex.com/)。

[18]Powernext 交易所(http://www.powernext.fr)。

[19]北京环境交易所(http://www.cbeex.com.cn/)。

[20]上海环境能源交易所(http://www.cneeex.com/)。

[21]天津排放权交易所(http://www.tianjinclimateexchange.com/)。